动物肿瘤彩色图谱

A Colour Atlas of the Animal Tumor

陈怀涛　主编

中国农业出版社

内 容 提 要

　　本书是由陈怀涛等教授根据我国兽医科学与比较医学的发展以及畜牧业生产实际而编写的。内容包括犬、猫、牛、羊、猪、马、禽、兔、鱼等多种动物的各种肿瘤眼观和组织学图片339幅。这些图片是由作者和国内外许多学者收集、提供的。每幅图片都附有说明。本书的特点是资料丰富，图片真实，文字精练，理论结合实际，是兽医学教学、科学研究和动物肿瘤临诊的良好参考书，不仅可作为兽医科技工作者、比较医学工作者的必备资料，而且可作为大专院校相关专业学生、研究生及动物性食品卫生检验人员的重要学习工具。

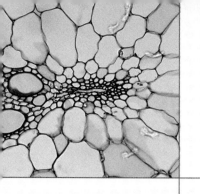

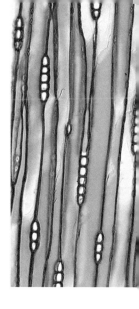

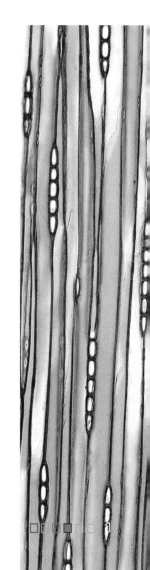

　　肿瘤学是兽医专业和医学各专业学生病理学课程的重要内容，在许多大医院和有条件的动物医院里，都会经常遇到严重危害人、兽生命和健康的肿瘤病例。要提高人类和动物的生活或生产质量，延长寿命，必须十分重视肿瘤的诊断、预防、治疗和理论研究。本书的编写，旨在为兽医学和比较医学的教学、研究和临诊实践，提供一些比较详细的参考资料。

　　实际上，早在20世纪六七十年代，我国兽医病理学专家朱宣人教授就已萌生了编写动物肿瘤图谱的构想，因为他于20世纪50年代初已在兰州发现了我国第一例绵羊肺腺瘤病，又在教学与研究工作中收集到许多马属动物的肿瘤标本和切片。然而由于各种原因，这一愿望未能实现。80年代后，他和甘肃农业大学的同仁又提出了组织编写肿瘤图谱的建议，但因无人资助，印刷质量也很难得到保证，出版事宜再次搁浅。

　　2008年，我们的《兽医病理学原色图谱》出版，朱宣人先生认真阅读了几遍，他异常高兴，几次赞许，并希望我们能组织编写出我国的动物肿瘤彩色图谱。他认为动物肿瘤的研究不仅对诊治动物肿瘤有意义，而且能够和人类肿瘤的发生学联系起来，为人类肿瘤的研究提供良好的模式。因此，本图谱的编写构思，应该说是由朱宣人先生提出的，我们谨以此为方向做了力所能及的具体工作。

　　动物肿瘤的分类和描述实为一件复杂的工作，要做到十全十美是极为困难的。本图谱的肿瘤分类和具体安排主要以《家畜肿瘤国际组织学分类》（上、下册）为依据，同时参考了人类肿瘤学的《肿瘤国际组织学分类》。

  动物的生存年龄一般要比人类短得多，这是动物肿瘤比人类肿瘤少见的主要原因之一。但是动物的肿瘤种类与人类的肿瘤相似，而且作为人类宠物的狗、猫等其肿瘤并不少见。在有些动物，还发生一些不同于人类的病毒性肿瘤病，如地方流行性牛白血病、绵羊肺腺瘤病、禽白血病/肉瘤群、兔黏液瘤病、鸡马立克病等。牛、兔、猴、马、猪、鹿等动物的一些皮肤乳头状瘤、马的类肉瘤也是由病毒引起的。动物肿瘤的病毒病因学研究要比人类在这方面的研究更广泛、更深入，病毒引起的肿瘤和肿瘤病也比人类的多得多。研究肿瘤的病毒病因，实验动物具有良好的客观条件。因此，本图谱对于人类肿瘤的认识和实验研究有着特别重要的科学意义。

  本图谱的资料来源有二，一是我国兽医工作者在教学、研究和临诊、外检工作中收集的图片资料，尤其是以朱宣人先生为首的甘肃农业大学兽医病理学教研室，为图谱的编写奠定了良好的基础，朱坤熹等教授做了大量动物肿瘤实验研究，编写了畜禽肿瘤方面的著作；二是国外学者（如我在罗马尼亚布加勒斯特农学院研修时的Macarie J教授）的不吝赠送。还有一些很有价值的图片则引自Bostock DE等编著的《猫、犬和马肿瘤彩色图谱》。在此谨对国内外所有提供图片、资料和支持本图谱编写的专家、教授和同仁深表谢意！

  在本图谱付梓之际，还要特别感谢中国农业出版社的领导和编辑。没有他们的大力支持和指导，本书是不可能出版面世的。

  虽然我们尽力做了应做的工作，但因水平有限，本图谱肯定有不足之处，恳盼广大读者批评指正。

陈怀涛

2012年2月

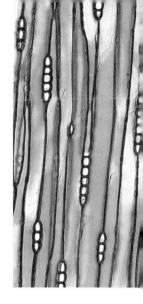

目　录

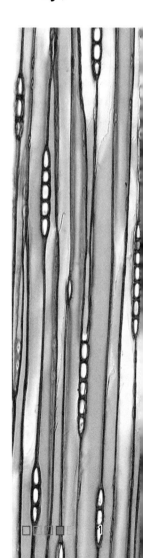

绪 论

一、肿瘤的命名与分类

1.肿瘤的命名原则

机体的任何部位、组织与器官几乎都可发生肿瘤，因此肿瘤的种类繁多，命名也很复杂，一般依据其组织发生即组织来源和良、恶性来命名。

（1）良性肿瘤　各种组织来源的良性肿瘤都称为"瘤"（-oma），命名时在其来源组织名称之后加"瘤"字。例如，来源于纤维组织的良性瘤称为纤维瘤（fribroma）；来源于腺上皮的良性瘤称为腺瘤（adenoma）等。有时还结合肿瘤的形态特点来命名，如来源于被覆上皮的良性肿瘤称为乳头（状）瘤（papilloma）；有囊肿（cyst）结构的称为囊腺瘤（cystadenoma）；腺瘤呈乳头状生长并有囊腔形成者称为乳头状囊腺瘤（papillary cystadenoma）等。"瘤病"多用于由病毒引起的多发性良性肿瘤，如皮肤乳头瘤病（papillomatosis）等。

（2）恶性肿瘤

①癌。来源于上皮组织的恶性肿瘤统称为癌（carcinoma），命名时在其来源组织名称之后加"癌"字。例如，来源于鳞状上皮细胞的恶性肿瘤称为鳞状细胞癌（squamous cell carcinoma）；来源于腺上皮呈腺样结构的恶性肿瘤称为腺癌（adenocarcinoma）等。

②肉瘤。从间叶组织（包括纤维组织、脂肪、肌肉、脉管、骨、软骨组织等）发生的恶性肿瘤统称为肉瘤（sarcoma），其命名是在来源组织名称之后加"肉瘤"，例如纤维肉瘤（fribrosarcoma）、横纹肌肉瘤（rhabdomyosarcoma）、淋巴肉瘤（lymphosarcoma）、骨肉瘤（osteosarcoma）等。

恶性肿瘤的外形具有一定的特点时，常结合其形态特点而命名，如形成乳头状及囊状结构的腺癌，称为乳头状囊腺癌（papillary cystadenocarcinoma）。一个肿瘤中既有癌的结构又有肉瘤的结构，则称为癌肉瘤（carcinosarcoma）。

在病理学上，癌是专指上皮组织来源的恶性肿瘤，但一般习惯上所说的"癌症"（cancer），常泛指所有恶性肿瘤。有少数恶性肿瘤不按上述原则命名，例如有些来源于幼稚组织及神经组织的恶性肿瘤称为母（胚）细胞瘤，如神经母（胚）细胞瘤（neuroblastoma）、肾母（胚）细胞瘤（nephroblastoma）等；有些恶性肿瘤因其成分复杂或由于沿袭习惯，则在肿瘤的名称前加"恶性"，如恶性畸胎瘤（malignant teratoma）、恶性黑色素瘤（malignant melanoma）等；有些恶性肿瘤冠以人名，如马立克（氏）病（Marek's disease）、何杰金（氏）病（Hodgkim's disease）。至于白血病（leukemia）、淋巴瘤（lymphoma）则是少数采用习惯名称的恶性肿瘤，虽称为"瘤"或"病"，实际上是恶性肿瘤。

2.肿瘤的分类

肿瘤通常以其组织发生即组织来源，分为良性与恶性两类。

肿瘤的分类

组织来源	良性肿瘤	恶性肿瘤
上皮组织		
鳞状上皮	乳头(状)瘤	鳞状细胞癌
基底细胞	基底细胞瘤	基底细胞癌
腺上皮	腺瘤，乳头(状)瘤，囊腺瘤	腺癌，乳头(状)癌，囊腺癌
变移上皮	乳头(状)瘤	变移上皮癌
间叶组织		
纤维组织	纤维瘤	纤维肉瘤
脂肪	脂肪瘤	脂肪肉瘤
平滑肌	平滑肌瘤	平滑肌肉瘤
横纹肌	横纹肌瘤	横纹肌肉瘤
血管	血管瘤	血管肉瘤
淋巴管	淋巴管瘤	淋巴管肉瘤
骨	骨瘤	骨肉瘤
软骨	软骨瘤	软骨肉瘤
滑膜	滑膜瘤	滑膜肉瘤
间皮	间皮瘤	恶性间皮瘤
黏液组织	黏液瘤	黏液肉瘤
淋巴组织与造血组织		
淋巴组织		淋巴(肉)瘤
造血组织		白血病，骨髓瘤
神经组织		
室管膜上皮	室管膜瘤	室管膜母细胞瘤
神经鞘膜组织	神经纤维瘤	神经纤维肉瘤
神经鞘细胞	神经鞘瘤	恶性神经鞘瘤
胶质细胞	胶质细胞瘤	恶性胶质细胞瘤
脑膜	脑膜瘤	恶性脑膜瘤
周围神经细胞	节细胞神经瘤	神经母细胞瘤
其他		
成黑色素细胞	黑色素瘤	恶性黑色素瘤
三个胚叶组织	畸胎瘤	恶性畸胎瘤
多种组织成分	混合瘤	恶性混合瘤，癌肉瘤
生殖细胞		精原细胞瘤（睾丸），生殖细胞癌（卵巢），胚胎性癌

二、良性肿瘤与恶性肿瘤的区别

区别良性肿瘤和恶性肿瘤，对其正确的诊断和治疗具有重要的实际意义。良性肿瘤与恶性肿瘤的主要区别见下表。

良性肿瘤与恶性肿瘤的主要区别

	良 性 肿 瘤	恶 性 肿 瘤
外 形	多呈结节状或乳头状	形状多样或无明显形状，如局部肿厚，溃烂
组织结构	与来源组织结构较相似，细胞分化较好，异型性小，核分裂象很少或无	与来源组织结构差异大，细胞分化不好，异型性大，核分裂象多，可见病理性核分裂象
生长速度	通常缓慢	一般迅速，或较缓慢
生长方式	多呈膨胀性生长或外突性生长，周围常有完整包膜，很少侵犯脉管和组织间隙	多呈浸润性生长或膨胀型生长，一般无包膜，与周围组织分界不清，常侵犯脉管
转移与复发	不转移，手术摘除后极少复发	常发生转移，手术摘除后多有复发
对机体的危害	一般危害较小，主要为压迫和阻塞组织器官，但位于脑、心脏等器官的肿瘤，也可造成严重后果	危害大，除压迫和阻塞作用外，可破坏组织，引起出血与合并感染，晚期病例呈恶病质状态，常以死亡告终

必须指出，良性肿瘤与恶性肿瘤之间有时并无绝对界限。有些肿瘤其表现介乎两者之间，称为交界性肿瘤，此类肿瘤有恶变倾向，在一定的条件下可逐渐向恶性发展。在恶性肿瘤中，其恶性程度亦各不相同，发生转移有的较早，有的较晚，有的则很少见。此外，肿瘤的良、恶性并非一成不变，有些良性肿瘤如不及时治疗，有时可转变为恶性肿瘤，称为恶变（malignant change）；而个别的恶性肿瘤，由于机体免疫力加强等原因，有时停止生长甚至完全自然消退。

三、肿瘤的诊断与治疗

1.肿瘤的诊断

动物体表的肿瘤，常可通过临诊检查和病理学检查得以确诊。但体内的肿瘤，尤其恶性肿瘤的诊断比较困难或常被忽视。如怀疑动物罹患肿瘤，应详问病史，并用多种方法进行全面检查，如X线，包括计算机X线断层摄影（computed tomography，CT）、内窥镜、生化、细胞学、病理学、同位素、超声波、热图、免疫反应等诊断方法。其中，一般临诊检查在多数动物医院均可进行，而病理组织学检查对肿瘤的确诊起重要作用。

病理组织学方法是从肿瘤部采取组织块，10%福尔马林固定，石蜡切片，苏木精-伊红（HE）染色，光学显微镜观察。也可取材作冰冻切片，快速镜检。

2.肿瘤的治疗

随着科学技术的不断进步，人类肿瘤的治疗水平也得到不断提高。肿瘤的早期诊断和综合性治疗的应用，使其治愈率已明显提高。动物肿瘤的诊治水平远落后于人医，但有些条件好的宠物医院，也引进了先进的仪器设备，在肿瘤的诊治方面得到长足的进步。治疗肿瘤的手段主要有以下几种。

（1）外科手术治疗　这是兽医临诊最常采用的方法，尤其对体表的良性肿瘤，但外科手术一般只用于癌瘤的中、早期，而后期易促使癌细胞扩散。

（2）放射疗法　放疗是利用放射源产生的放射线（如放射性同位素射出的α、β、γ射线，X线治疗机产生的X线，各类加速器产生的各种重离子束等）对体内外的肿瘤组织进行照射。放疗方法已有很大改进，应用范围较广，但也可给机体组织细胞造成某些伤害。

（3）化学药物治疗　化疗已成为综合治疗肿瘤的重要方法，许多抗癌新药不断发现为癌瘤的治疗带来了契机，其缺点是对骨髓、肝、肾等也有杀伤作用，消化道毒副反应明显，对大部分实体瘤疗效不理想。

（4）免疫治疗　这种疗法为肿瘤治疗提供了另一新途径，但目前仅作为辅助疗法。

（5）内分泌治疗　人的乳腺癌或前列腺癌伴骨转移者，用切除内分泌腺（卵巢或睾丸等）或雄（雌）激素治疗有一定效果，但治疗机理尚须进一步研究。

（6）综合治疗　由于上述疗法多有优缺点，故诊治常采用多种方法，即根据肿瘤的不同生物学特性、发展阶段和机体状况，选用有主有次、相互配合的治疗方案。

动物肿瘤的治疗问题必须以正确的诊断为前提。肿瘤及其良恶性明确后，再制定切实可行的治疗方案。在肿瘤治疗时还应考虑经济价值，也即治疗患瘤动物有无经济效益。一般来说，只有对那些有价值的种用或珍奇动物，才可考虑必要的昂贵的治疗方法。

第一章　皮肤与附件

（Chapter 1：The Skin and Adnexa）

1. 乳头（状）瘤（papilloma）

皮肤乳头（状）瘤又称鳞状细胞瘤，是由鳞状上皮发生的良性肿瘤，可由传染性因素（病毒）或非传染性因素引起。传染性者见于马、牛、羊、兔、犬等多种动物，呈多发性，而非传性者可见于犬、实验动物，也见于其他动物，常为单发。乳头状瘤可发生于全身皮肤，尤其是头颈、胸、腹、乳房、外阴、口唇和四肢部，呈乳头状、结节状或花椰菜状，可有蒂，与周围正常皮肤界限明显。组织上，皮肤表皮呈外突性生长，每个突起均以结缔组织为轴心，表面覆盖较厚层排列不大规则的表皮。发生于基底细胞的乳头状瘤称基底细胞乳头状瘤（basal cell papilloma），较多见于犬、猫，多单发。瘤细胞小，胞浆少，瘤细胞间缺乏细胞间桥（图1-1至图1-10）。

图1-1　乳头（状）瘤
　　牛口唇皮肤传染性乳头（状）瘤：在牛的口唇部皮肤可见大量花椰菜状肿瘤结节，质地较硬。
　　　　　　　　　　　　　　　　（王新华）

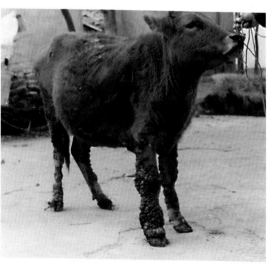

图1-2　乳头（状）瘤
　　牛四肢皮肤传染性乳头（状）瘤：四肢皮肤几乎长满乳头状瘤，呈花椰菜状或结节状。
　　　　　　　　　　　　　　　　（周诗其）

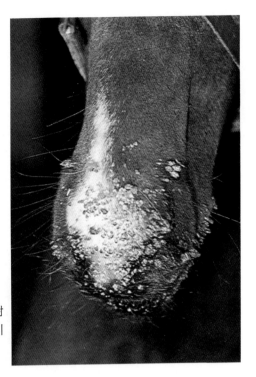

图1-3 乳头（状）瘤

　　黄牛皮肤乳头（状）瘤：肿瘤呈乳头状或分叶状，突出于皮肤表面，肿瘤间仅有少量被毛生长。

　　　　　　　　　　　　　　　　　（姚金水）

图1-4 乳头（状）瘤

　　马鼻唇部皮肤传染性乳头（状）瘤：在唇部与鼻孔附近的皮肤，见多发性乳头状瘤生长。这些肿瘤是由病毒引起的（2岁龄马）。

　　　　　　　　　　　　　　（Bostock DE 等）

图1-5 乳头（状）瘤

　　骡生殖器乳头（状）瘤：龟头包皮见一结节状肿瘤，质硬，其表面高低不平。

　　　　　　　　　　　　（甘肃农业大学兽医病理室）

图1-6 乳头（状）瘤

　　羊皮肤乳头（状）瘤：在肿瘤切面上，可见皮肤向外生长形成许多突起，表面角化明显。

　　　　　　　　　　　　（甘肃农业大学兽医病理室）

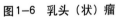

图1-7　乳头（状）瘤

犬皮肤乳头（状）瘤：这是生长于犬头部皮肤的乳头状瘤，单发，突出于皮肤（11岁龄小狮子狗）。　　（Bostock DE 等）

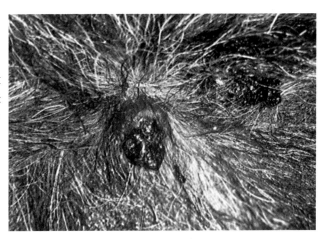

图1-8　乳头（状）瘤

兔皮肤乳头（状）瘤：兔口周围皮肤有多发性乳头状瘤生长，局部表面出血、发炎。　　（甘肃农业大学兽医病理室）

图1-9　乳头（状）瘤

皮肤乳头（状）瘤的组织结构：肿瘤呈外突性生长，形成大小不等的指状突起，以结缔组织为其轴心，外围的瘤细胞和正常皮肤的鳞状上皮相似，但增生明显，排列不规则。HE×40　　（王雯慧）

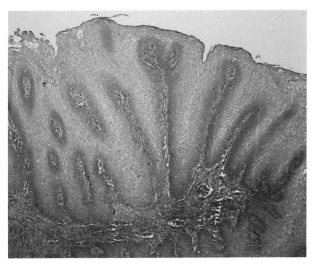

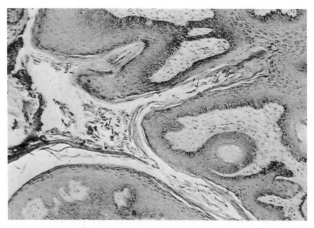

图1-10 乳头（状）瘤

马皮肤乳头（状）瘤的组织结构：此图为图1-4的肿瘤组织图片。瘤组织由许多不规则的皮肤突起构成，突起中心为结缔组织，周围是和正常皮肤表皮相似的鳞状上皮细胞。

(Bostock DE 等)

2．鳞状细胞癌（squamous cell carcinoma）

鳞状细胞癌又称鳞状上皮癌或表皮样癌（epidermoid carcinoma），简称鳞癌，是由皮肤或皮肤型黏膜鳞状上皮细胞发生的恶性肿瘤。非鳞状上皮(如鼻、支气管、子宫黏膜)经鳞状上皮化生后也可形成。马、牛、羊、犬、猫等老龄或成年动物都较常见，但猪则是例外。组织上，表皮细胞恶性转化后，不仅使局部表层增厚（原位癌），而且可继续生长，并突破基底膜向深部组织浸润，形成形状不同的癌细胞团即癌巢（cancer nest）。

癌巢的癌细胞分化程度不等，分化高的其中心角化。分化不好的仅见单个细胞角化，细胞间桥也不常见，在癌组织中尚可见到核破碎，而不是像分化好的那种核浓缩。有丝分裂象在各种鳞癌里都很普通，分化不好的更为常见。在鳞癌的表层常有炎性细胞浸润。基底细胞癌（basal cell carcinoma）是由皮肤基底细胞发生的一种恶性肿瘤，癌巢常不规则，呈团块或岛屿状，无癌珠，不见细胞间桥（图1-11至图1-19）。

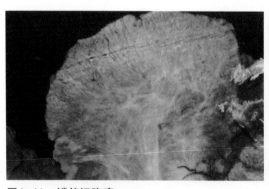

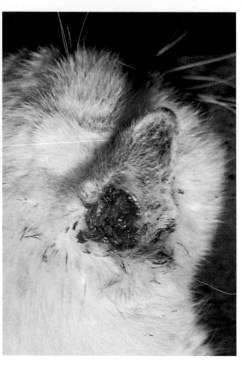

图1-11 鳞状细胞癌

马阴鞘皮肤鳞状细胞癌：肿瘤组织呈浸润性生长，致使阴鞘肿胀，仔细观察时，在切面可见灰白色小条、斑点状癌巢，肿瘤部皮肤多有坏死与出血。

(甘肃农业大学兽医病理室)

图1-12 鳞状细胞癌

猫皮肤鳞状细胞癌：这是生长在耳郭部皮肤的一个早期鳞癌，注意癌病变局部已发生溃疡（1岁龄白猫）。

(Bostock DE 等)

图1-13　鳞状细胞癌

马皮肤鳞状细胞癌：此癌生长在一匹骟马的阴茎上，呈多发性花椰菜状，马属动物的外生殖器是肿瘤的常发部位之一。　(Bostock DE 等)

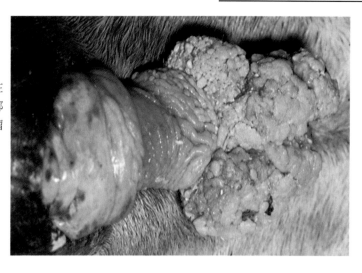

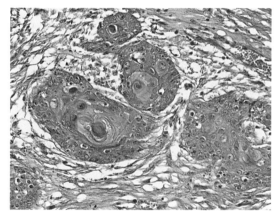

图1-14　鳞状细胞癌

牛皮肤鳞状细胞癌：癌巢中的癌细胞异性型较大，可见核分裂象；癌巢中心部有些角化癌珠。HE×400　　　　　　　　　　（陈怀涛）

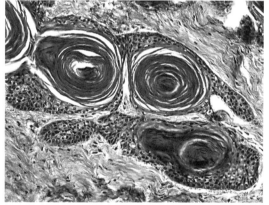

图1-15　鳞状细胞癌

皮肤鳞状细胞癌：癌巢中心发生明显角化，形成典型的癌珠，呈同心层状结构。HEA×400　　　　　　　　　　　　（陈怀涛）

图1-16　鳞状细胞癌

皮肤鳞状细胞癌：癌细胞异型性大，核分裂象明显。HE×400　　　　　　（彭西，崔恒敏）

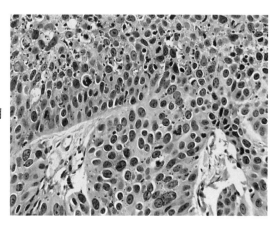

图1-17　鳞状细胞癌

　　肝脏中的转移性鳞状细胞癌：图片上方转移性生长的鳞癌细胞呈团块状，附近（下部）的肝细胞萎缩变形。HE×100

　　　　　　　（彭西，崔恒敏）

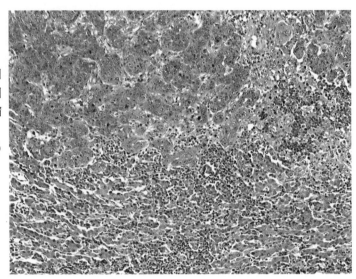

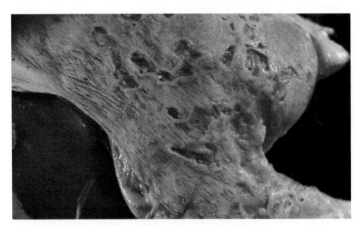

图1-18　鳞状细胞癌

　　鸡皮肤鳞状细胞癌：屠宰检查时肉鸡皮肤偶见的鳞癌，病变呈小火山口状溃疡，溃疡可融合（尤其在身体后背部）。　（Randall CJ）

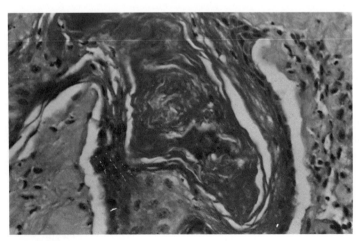

图1-19　鳞状细胞癌

　　鸡皮肤鳞状细胞癌：组织上鳞癌角化"珠"由鳞状上皮所包裹，瘤组织能侵入真皮和皮下组织，但未发现转移。　（Randall CJ）

3. 基底细胞瘤（basaloma）或基底细胞癌（basal cell carcinoma）

这是由表皮基底细胞发生的肿瘤，多呈良性，瘤组织形态较多，如呈实性团块、花环、水母、腺样、囊肿、鳞状等，偶有角化灶。常见分裂象和黑色素。组织上虽有异型性，但多不转移。此瘤多见于犬、猫，罕见于其他动物。常位于头、颈部，界限明显，大者可发生溃疡（图1-20至图1-22）。

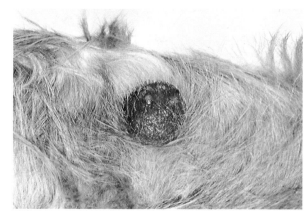

图1-20　鳞状细胞癌

狗皮肤基底细胞瘤（癌）：肿瘤生长于7岁龄犬的前肢皮肤，与周围正常皮肤界限较明显。

(Bostock DE 等)

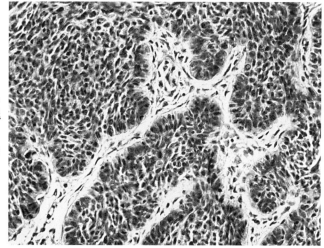

图1-21　鳞状细胞癌

皮肤基底细胞癌：瘤细胞排列密集，并形成不规则的条团或岛屿状癌巢，无癌珠，不见细胞间桥。HEA×400

(陈怀涛)

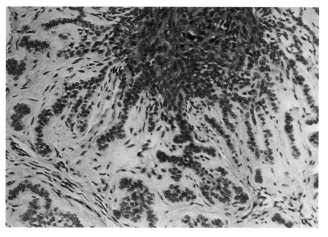

图1-22　鳞状细胞癌

狗皮肤基底细胞瘤（癌）：瘤组织呈"水母头"样结构向真皮与皮下生长。HE

(Bostock DE 等)

4. 山羊肛门癌 (anal carcinoma in goat)

这是在我国发现的一种癌瘤，见于甘肃、西藏、青海等地，多发生于白山羊，杂色者很少，而黑山羊未发现。公母羊均可发生，以8岁以上老羊多发。发病常同群分布，发病率可达10%或20%，但附近羊群可能不见一例。癌瘤呈结节状、花椰菜状，表面可发生出血、感染、化脓与坏死。主要位于尾根下、肛门及其周围皮肤，也可见于肛门与阴门间、阴门及其附近。未见转移。患瘤山羊常有疼痛症状。组织上开始呈基底细胞瘤结构，后呈鳞癌表现，但癌珠少见。癌细胞异型性较大，核大，核仁常有两个或两个以上。癌巢附近可见较多淋巴细胞和浆细胞（图1-23至图1-25）。

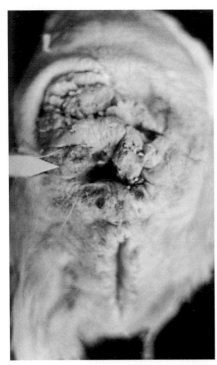

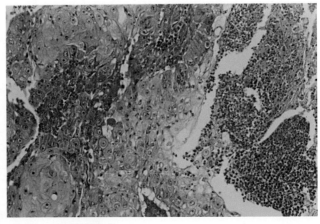

图1-23　鳞状细胞癌

山羊肛门癌：肛门（↑）附近皮肤高低不平，局部组织坏死出血。　　　　　　　　　　　　（顾恩祥）

图1-24　鳞状细胞癌

山羊肛门癌：癌细胞连片成巢，未见癌珠形成；癌细胞异型性较大，核仁明显，双核仁者多见；癌巢间中性粒细胞大量浸润，也见出血。HE×200　（甘肃农业大学兽医病理室）

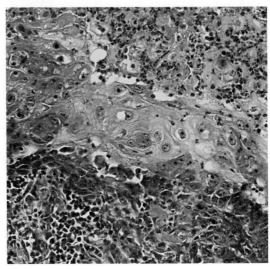

图1-25　鳞状细胞癌

山羊肛门癌：癌细胞异性型大，核仁明显，癌巢附近常有较多炎症细胞浸润。HE×400

（甘肃农业大学兽医病理室）

5．毛上皮瘤（trichoepithelioma）

这是发源于毛上皮的良性肿瘤，瘤组织由许多角质囊肿构成。角化不连续，这和正常毛囊相似，基质好像玻璃样结缔组织。这种肿瘤多见于犬、猫（图1-26）。

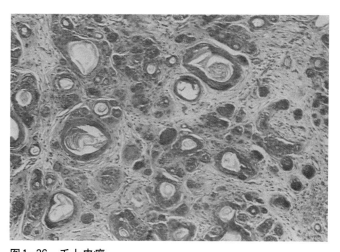

图1-26　毛上皮瘤

瘤细胞形成相互分离的毛囊样结构。　　　　　　　　　（Bostock DE 等）

6．皮脂腺腺瘤（adenoma sebaceum）

皮脂腺腺瘤是由成熟的或不成熟的皮脂腺上皮细胞组成许多小叶构成的。成熟细胞多位于小叶内部，不成熟的则主要位于小叶边缘。小叶大小不等、形状不规则。肿瘤多发于老狗，常位于头、颈、四肢、背部皮肤（尤其眼睑和耵聍腺），呈结节状，切面有油腻感（图1-27、图1-28）。

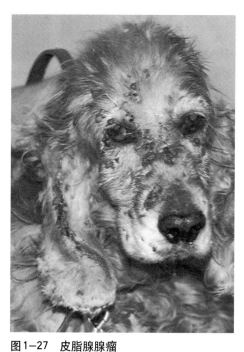

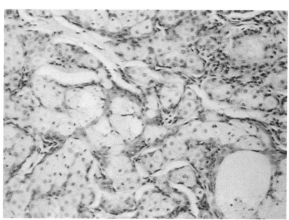

图1-27　皮脂腺腺瘤

12岁犬头部皮肤的皮脂腺腺瘤，呈多发性结节状。　　　　　　　（Bostock DE 等）

图1-28　皮脂腺腺瘤

瘤组织由许多界限明显的细胞小叶组成，细胞中充满脂肪。HE　　　　　　　（Bostock DE 等）

7. 类肝腺瘤（hepatoid adenoma）

类肝腺是汗腺和皮脂腺的混合腺，因结构似肝而得名。位于肛门周围的类肝腺称肛周腺或环肛腺。类肝腺也分布于会阴等部。类肝腺瘤发生于犬尤其老犬，公犬更常见。肿瘤单发或多发。呈结节状。表面可发生破溃（图1-29、图1-30）。

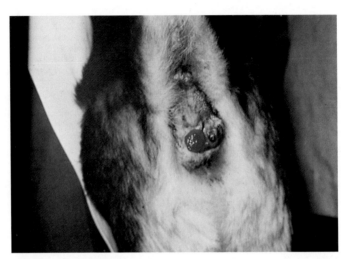

图1-29　犬类肝腺瘤

此图为8岁Alsalian公犬的肛周腺瘤（类肝腺瘤），肿瘤表面发生破溃。 　　　　　　　　　　　　　　　　　　　　　（Bostock DE 等）

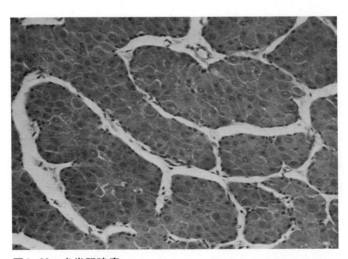

图1-30　犬类肝腺瘤

犬类肝腺瘤：瘤组织主要由界限明显的细胞小叶组成。小叶中为许多较大的圆形或多角形细胞，胞浆多，含大量嗜酸性颗粒，核大而圆，呈泡状。小叶周围常有一层似基底细胞的瘤细胞，个体小，胞浆少，嗜碱性，核小深染。 　　　（Bostock DE 等）

8. 类肝腺癌 (hepatoid adenocarcinoma)

这是类肝腺的恶性肿瘤，可发生转移，瘤细胞异型性大（图1-31）。

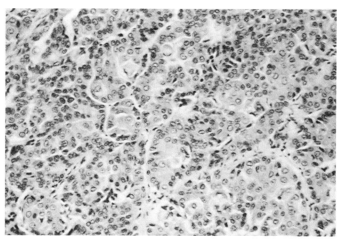

图1-31　犬类肝腺癌

　　这是犬类肝腺癌在肺的转移癌，癌组织由密集的腺泡和实性细胞团块组成，癌细胞异型性较大，可见核分裂象。

（Bostock DE 等）

9. 耵聍腺腺瘤 (ceruminous gland adenoma)

　　耵聍腺腺瘤是起源于外耳道耵聍腺的良性肿瘤，除猫、犬外其他动物较少见。由于位置深，常不易被发现，初始多诊断为外耳炎。其直径一般小于1cm，突出于外耳道，界限明显，表面可因继发感染而溃烂、化脓（图1-32）。

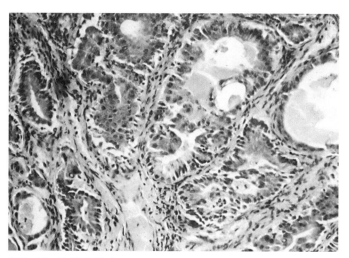

图1-32　耵聍腺腺瘤

　　犬耵聍腺腺瘤：瘤组织由衬以单层或多层柱状上皮细胞的腺泡或乳头状结构所组成，腺泡腔中含有多少不等的均质分泌物。HE

（Bostock DE 等）

10．耵聍腺腺癌（adenocarcinoma of ceruminous gland）

这是耵聍腺的恶性肿瘤，手术后易再发，并可转移到腮淋巴结。瘤组织生长活跃，瘤细胞分裂象多见（图1-33）。

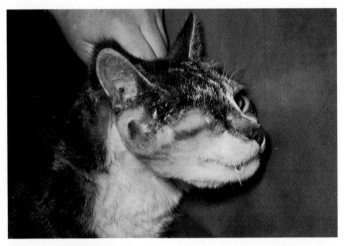

图1-33　耵聍腺腺癌
　　此图为猫的耵聍腺腺癌，术后已复发，并转移到腮淋巴结。淋巴结局部明显肿大。
　　　　　　　　　　　　　　　　　　　　　　　　（Bostock DE 等）

11．汗腺腺瘤（adenoma sudoriparum）

汗腺的肿瘤主要见于犬，偶见于猫，其他动物罕见。多位于头、颈等部皮肤。汗腺腺瘤由汗腺腺泡和导管上皮增生引起，腺泡与正常汗腺相似，但数量多而密集。眼观瘤体为结节状，直径1～7cm，紧贴皮下，质地实在，界限明显，切面色白，均质，或有内含淡黄色透明液体的小囊（图1-34、图1-35）。

图1-34　汗腺腺瘤
　　此图为10岁犬背部皮下的一个汗腺囊腺瘤，其切面呈囊状结构，局部皮肤变薄。
　　　　　　　　　　　　　　　　　　　　　　　　（Bostock DE 等）

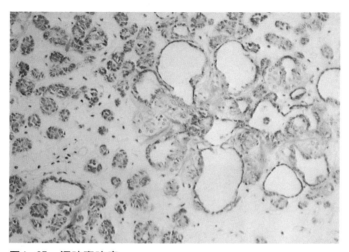

图1-35　汗腺囊腺瘤

　　瘤组织见分化良好的腺泡和丰富的基质，腺泡衬以单层立方状
上皮细胞。Van Gieson　　　　　　　　　　　　　　（Bostock DE 等）

12．良性黑色素细胞瘤（benign melanocytoma）

　　来源于生黑色素细胞的良性肿瘤，多见于浅色的马、犬与猪，其他动物也可发生。
好发于肛门、口腔黏膜与皮肤交接处以及尾根与会阴部皮肤，眼观呈色暗或黑色斑点或
突起。组织上，根据黑色素瘤细胞的位置可分为交界黑色素细胞瘤（瘤细胞位于表皮或
陷入毛囊）、皮内黑色素细胞瘤（瘤细胞位于真皮）与混合黑色素细胞瘤（兼有以上两种
瘤的特点）。三者在眼观上难以区别（图1-36）。

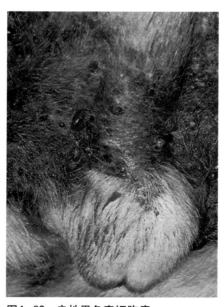

图1-36　良性黑色素细胞瘤

　　8岁犬下腹部的多发性黑色素细胞瘤，
其直径多为0.5～1.0cm，瘤体可发生破溃
并出血。　　　　　　　　　　（Bostock DE 等）

13. 恶性黑色素细胞瘤（malignant melanocytoma）

恶性黑色素（细胞）瘤是由生黑色素细胞转化来的恶性肿瘤，见于多种畜禽和鱼类，在犬和马属动物比较普通。犬常发生于口腔或皮肤，马属动物的肿瘤原发部位常在尾根、肛门附近或会阴部。最初肿瘤在皮肤生长可能较为缓慢，一旦转移，可扩散到全身许多部位，大小不等，切面呈黑色或烟灰色。组织上由含有黑色素的瘤细胞构成，瘤细胞的大小与形态因色素颗粒多少不同而有很大差异（图1-37至图1-43）。

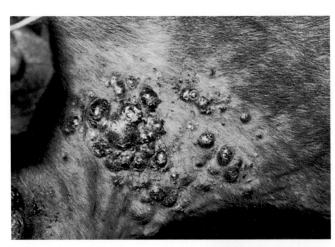

图1-37　恶性黑色素瘤

10岁灰骟马包皮皮肤发生的多发性恶性黑色素细胞瘤，肿瘤色暗，大小不一。

（Bostock DE 等）

图1-38　恶性黑色素瘤

马胸膜转移性黑色素瘤：胸膜表面可见大小不等、密集的肿瘤结节，因瘤细胞含有黑色素，故肿瘤呈烟灰色或黑色。

（甘肃农业大学兽医病理室）

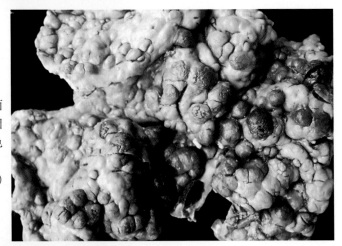

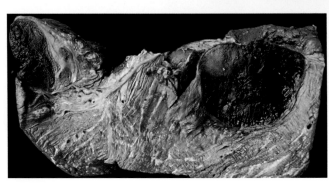

图1-39　恶性黑色素瘤

马肌肉转移性黑色素瘤：在肌肉切面可见界限明显的黑色肿瘤结节。

（甘肃农业大学兽医病理室）

图1-40　恶性黑色素瘤

　　马肾门部转移性黑色素瘤：在肾门部组织形成转移性肿瘤，呈界限明显的黑色团块。

　　　　　　（甘肃农业大学兽医病理室）

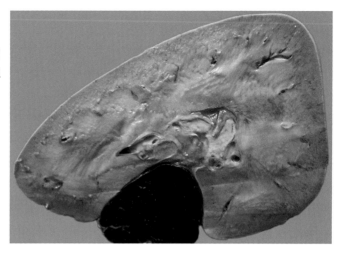

图1-41　恶性黑色素瘤

　　马淋巴结转移性黑色素瘤：淋巴结肿大、变形，整个淋巴结几乎被转移生长的黑色瘤组织所占据。

　　　　　　（甘肃农业大学兽医病理室）

图1-42　恶性黑色素瘤

　　肌肉转移性黑色素瘤：在横纹肌之间可见大量含有黑色素颗粒的瘤细胞，横纹肌纤维均质化、断裂、或萎缩、消失。HE×400　　（陈怀涛）

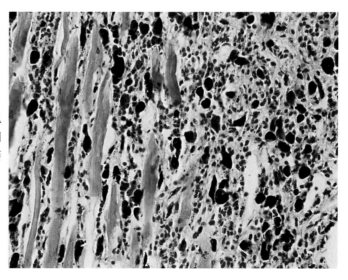

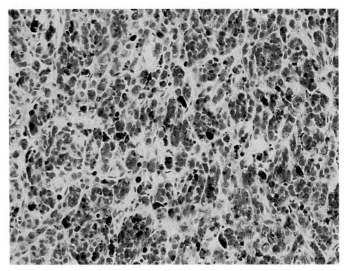

图1—43　恶性黑色素瘤

　　肝转移性黑色素瘤：在肝组织中散在不少黑色素瘤细胞。
HE×400　　　　　　　　　　　　　　　　　（陈怀涛）

第二章 软（间叶）组织

（Chapter 2: The Soft Mesenchymal Tissue）

1. 纤维瘤 (fibroma)

纤维瘤是纤维结缔组织发生的良性肿瘤，主要由密集的成熟的成纤维细胞和胶原纤维构成。它们的形态、染色性与正常组织的成纤维细胞和胶原纤维相似，但在数量和排列方面却不相同。家畜、家禽的纤维瘤较为常见，凡有结缔组织的部位均可发生，多见于皮下、黏膜下、肌间、筋膜和骨膜。马属动物的纤维瘤更为多见（图2-1至图2-7）。

图2-1 纤维瘤

牛皮下纤维瘤：单发，个体较大，突出于皮肤，突出部因摩擦而无毛。 （陈怀涛）

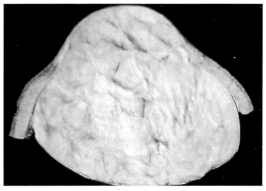

图2-2 纤维瘤

图2-1牛皮下纤维瘤的切面，色灰白，质地硬实，呈丝团样结构，突出部皮肤受压变薄。

（陈怀涛）

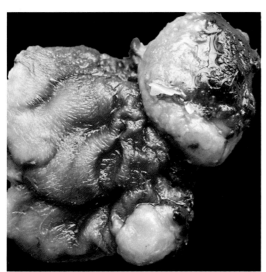

图2-3 纤维瘤

猪皮下纤维瘤：肿瘤呈结节状，质硬，突出于皮肤表面，局部皮肤出血坏死。 （陈怀涛）

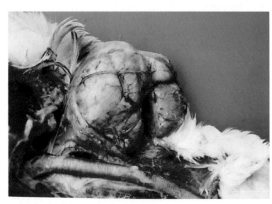

图2-4　纤维瘤

番鸭颈部皮下纤维瘤：瘤体较大，呈分叶状。

（姚金水）

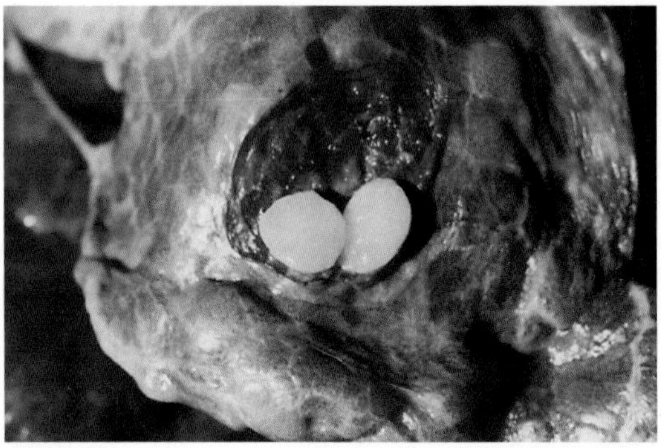

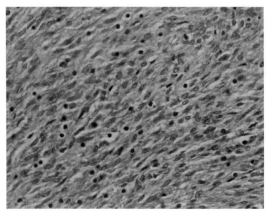

图2-5　纤维瘤

双峰驼肺纤维瘤：肿瘤呈结节状，质硬，色灰白，切面较湿润。　　　　（陈怀涛，贾宁）

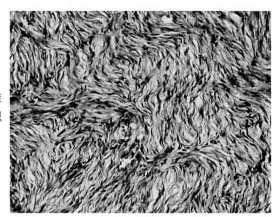

图2-6　纤维瘤

公驴外生殖器皮下纤维瘤：胶原纤维很多，纤维与瘤细胞呈束状相互交错或呈旋涡状排列，瘤组织致密。HE×400　　　　（陈怀涛）

图2-7　纤维瘤

瘤细胞较多，个体较大，呈梭形，胶原纤维较少；瘤组织中散在淋巴细胞。HE×400

（王雯慧）

2. 纤维肉瘤（fibrosarcoma）

纤维肉瘤是纤维结缔组织发生的一种有界限或有浸润性的恶性肿瘤，由胶原纤维、网状纤维及瘤细胞构成。其结构与纤维瘤相似，但以梭形细胞为主。瘤细胞与网状纤维的紧密关系是重要特征表现。家畜的纤维肉瘤一般恶性程度较小（图2-8至图2-10）。

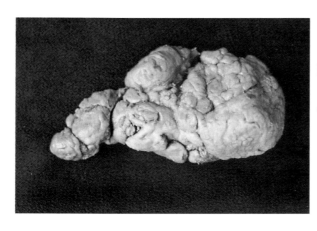

图2-8　纤维肉瘤

骡纤维肉瘤：常呈多发性生长，表面有明显出血和坏死。　　　　（陈怀涛）

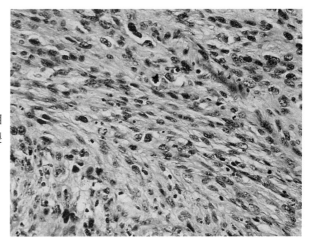

图2-9　纤维肉瘤

纤维肉瘤的组织结构：其结构与纤维瘤相似，但细胞主要呈梭形，异型性较大，分裂象较多。HE×400　　　　（陈怀涛）

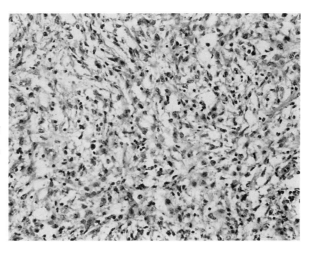

图2-10　纤维肉瘤

牛膀胱纤维肉瘤：瘤细胞大小不一，多为梭形，可见较多核分裂象，有炎性细胞浸润。HE×400　　　　（陈可毅）

3. 类肉瘤 (sarcoid)

类肉瘤是一种类似纤维肉瘤的肿瘤，其原因可能是病毒，常发生于马、牛的耳根或他处皮肤，多为数个，似乳头状瘤，表面常有溃疡。切除后多复发，但不转移。组织上和纤维肉瘤相似，但类肉瘤被覆的皮肤表皮也有明显增长，并呈网钉状伸入纤维团块中（图2-11至图2-15）。

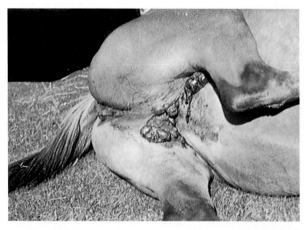

图2-11 类肉瘤

马类肉瘤：生长于6岁马腹股沟部的多发性类肉瘤。 （Bostock DE 等）

图2-12 类肉瘤

马类肉瘤的组织结构：瘤组织由纤维组织构成，其被覆上皮过度角化并呈棘状伸向真皮。HE （Bostock DE 等）

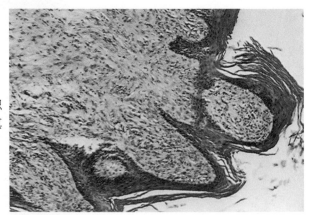

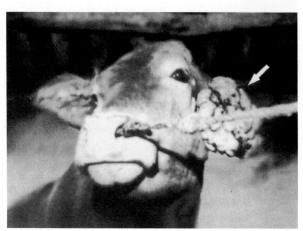

图2-13 类肉瘤

牛耳根皮肤类肉瘤：黄牛两侧耳腹面均有皮肤类肉瘤生长，左耳的巨大瘤体为成团的结节状（↑）。 （陈可毅）

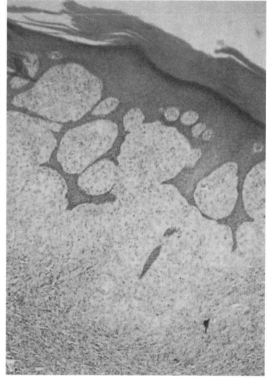

图2-14 类肉瘤

牛皮肤类肉瘤：黄牛皮肤有一个巨大的多发性瘤体生长，重达1 325g，表面为厚层灰褐色角质"硬壳"。 （陈可毅）

图2-15 类肉瘤

牛皮肤类肉瘤的组织结构：与纤维肉瘤结构相似，但表皮有明显增生，且表皮基底层向深部呈条索状伸入生长，形成"网钉"，其下是大量生长的肉瘤细胞。HE×80 （陈可毅）

4．黏液瘤（myxoma）

黏液瘤是来源于固有结缔组织的良性肿瘤，见于牛、马、骡、兔、犬等动物。其特征为肿瘤间质有大量以透明质酸为主要成分的黏液样物质，瘤细胞来自呈退行性变化的成纤维细胞（图2-16、图2-17）。

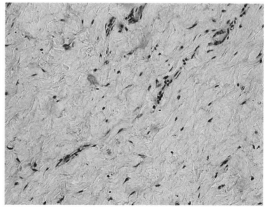

图2-16 黏液瘤

牛直肠黏液瘤：质软，界限明显，切面湿润，半透亮，色淡黄。 （陈怀涛）

图2-17 黏液瘤

牛直肠黏液瘤的组织结构：瘤细胞呈梭形或星形，其间的黏液样物质被染成淡蓝色。HEA×400

（陈怀涛）

5. 黏液肉瘤 (myxosarcoma)

黏液肉瘤是发生在固有结缔组织的恶性肿瘤，其结构与黏液瘤相似，但异型性较大（图2-18）。

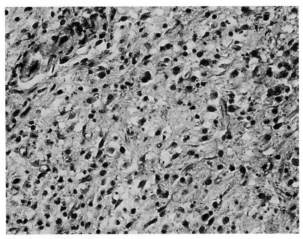

图2—18　黏液肉瘤

　　犬的黏液肉瘤：瘤细胞数量较黏液瘤多，异型性大，可见核分裂象，细胞间也有较多黏液样物质。　HEA×400

（陈怀涛）

6. 兔黏液瘤病 (rabbit myxomatosis)

本病是由兔黏液瘤病毒（Rabbit myxoma virus，RMV）引起家兔和野兔的一种高度接触传染性和致死性肿瘤性疾病，其主要临诊症状为头面部皮肤发生肿胀。病理特征为耳部、头部及体区皮下的结节状或弥漫性黏液瘤性肿胀，其切面流出黏液样渗出物。组织上黏液瘤细胞大量增生，无定形基质增多，并可发现细胞浆包涵体（图2-19至图2-22）。

图2—19　兔黏液瘤病

　　兔头部皮下和眼睑肿胀，眼周有大量黏脓性分泌物。

（西班牙HIPRA，S.A实验室）

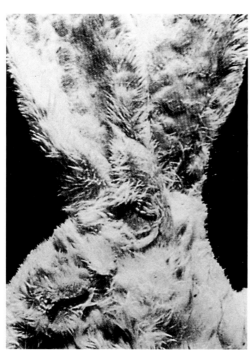

图2-20 兔黏液瘤病

耳肿胀，耳部和头部皮肤有不少黏液瘤结节形成，同时尚有继发性结膜炎。 (Mouwen JMVM 等)

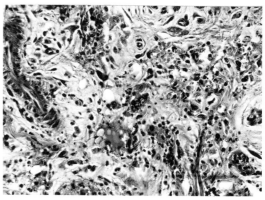

图2-21 兔黏液瘤病

瘤细胞呈多角形或梭形，大小不等，其间为淡染的无定形基质和个别中性粒细胞，胶原纤维稀疏，红细胞散在，血管内皮与外膜细胞增生，HEA×400

(罗马尼亚布加勒斯特农学院兽医病理室)

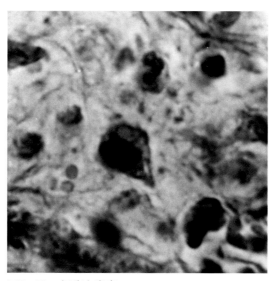

图2-22 兔黏液瘤病

图正中的黏液瘤细胞浆中有一个红色圆形包涵体。HEA×1 000

(罗马尼亚布加勒斯特农学院兽医病理室)

7. 脂肪瘤（lipoma）

脂肪瘤是由成熟脂肪细胞构成的良性肿瘤，多无包膜，界限不清。肿瘤中有时见结缔组织条带，大的肿瘤可见坏死区和营养不良性钙化，也会发生黏液样变（图2-23至图2-26）。

图2-23　脂肪瘤

牛脂肪瘤：肿瘤切面色淡黄，呈分叶状。

（陈怀涛）

图2-24　脂肪瘤

牛脂肪瘤的组织结构：与正常脂肪组织相似，局部有结缔组织条索。HE×100　　　（陈怀涛）

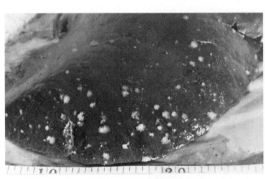

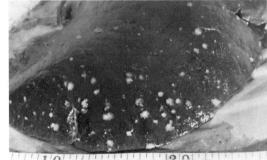

图2-25　脂肪瘤

骆驼肝弥漫性脂肪瘤：肿瘤呈大小不等的结节状，质地较硬，色灰白，界限清楚。

（陈怀涛，陈化兰）

图2-26　脂肪瘤

骆驼肝脂肪瘤的组织结构：瘤细胞的形态与脂肪细胞相似，它们常密集或呈团块状；瘤组织与周围肝组织有明显界限。HE×400　（陈怀涛，陈化兰）

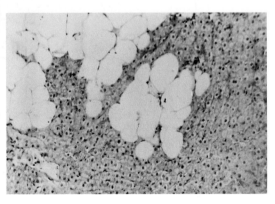

8. 脂肪肉瘤（liposarcoma）

这是脂肪组织的恶性肿瘤，常较脂肪瘤生长快，质地较硬，界限不清，切面色灰白似鱼肉，可见出血、坏死。瘤细胞大小不一，核圆或卵圆，深染，可见核分裂象，胞浆中含有大小不等、多少不一的脂肪滴（图2-27）。

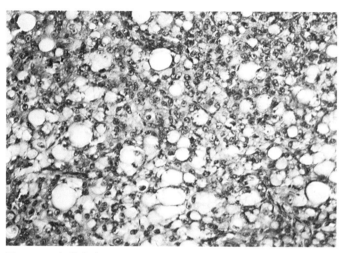

图2-27 脂肪肉瘤

瘤组织由较多的多角形或球形细胞组成，核大而圆，核仁明显，核分裂象较多，胞浆中含有大小不等的脂肪空泡。HE

(Bostock DE 等)

9. 平滑肌瘤（leiomyoma）

这是一种由成熟平滑肌细胞构成的良性肿瘤，瘤组织中有或多或少的胶原形成，有时很多，瘤细胞的特点为呈长条状，核呈杆状，胞浆内具有非横纹的肌原纤维（图2-28至图2-30）。

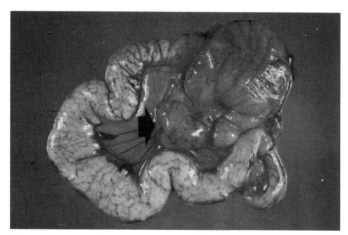

图2-28 平滑肌瘤

肿瘤（黑箭头）位于母鸡输卵管韧带，多发生于输卵管腹韧带，常由平滑肌细胞和胶原纤维组成，故质地硬实。 (Randall CJ)

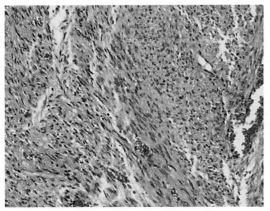

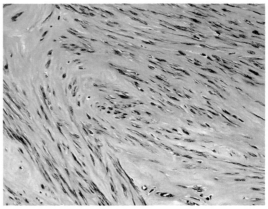

图2-29 平滑肌瘤

牛平滑肌瘤：瘤细胞呈长条形，细胞浆丰富，瘤细胞与正常平滑肌细胞形态相似，但其排列比较散乱。HE×400　　（陈怀涛）

图2-30 平滑肌瘤

胶原纤维呈绿色，肌纤维呈红色，细胞核呈蓝色。瘤细胞的异型性小，与正常平滑肌细胞相似，呈长梭形，瘤细胞位于胶原纤维间。Masson氏改良三色染色法×400

（甘肃农业大学兽医病理室）

10. 平滑肌肉瘤（leiomyosarcoma）

这是平滑肌组织的一种恶性肿瘤，由长梭形细胞构成。胞浆内含有不等量非横纹的肌原纤维，并常显示核周透亮空隙。细胞常呈束交叉。瘤组织中瘤细胞比平滑肌瘤的多，可见瘤巨细胞、核分裂象（图2-31、图2-32）。

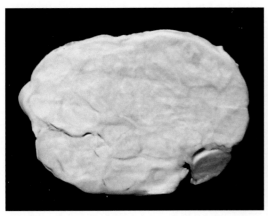

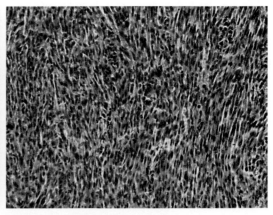

图2-31 平滑肌肉瘤

骡平滑肌肉瘤：肿瘤呈结节状，质地较硬，切面为淡红色，结缔组织将其分为许多叶。（陈怀涛）

图2-32 平滑肌肉瘤

平滑肌肉瘤的组织结构：瘤组织结构与平滑肌瘤相似，但排列较乱，瘤细胞异型性较大，可见核分裂象。HE×400　　（陈怀涛）

11．横纹肌瘤（rhabdomyoma）

这是一种较少见的良性肿瘤，由合胞体形式的细胞构成，核染色淡，呈泡沫状；胞浆嗜酸性，因含糖原而常呈空泡状。具有横纹的细胞相当常见（图2-33）。

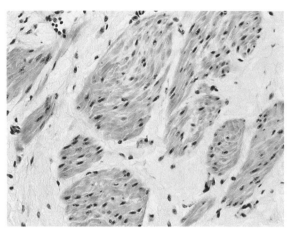

图2-33　横纹肌瘤

瘤细胞浆丰富，染色不均，可见横纹，肿瘤组织中有较多胶原纤维。HE×400

（甘肃农业大学兽医病理室）

12．血管周细胞瘤（hemangiopericytoma）

血管周细胞瘤即血管外皮细胞瘤或血管外膜细胞瘤，分良性和恶性。见于老犬、牛与鸡，其他动物罕见。主要发生于四肢、躯干、颈部，位于皮下或横纹肌中。肿瘤界限清楚，单发或多发，常无包膜，呈结节状或分叶。切面呈棕褐色。瘤组织常为局部浸润生长。组织上在缝隙状血管外有大量纤维状外皮性瘤细胞增生。恶性者生长快，瘤细胞大小不一，核分裂象多见（图2-34、图2-35）。

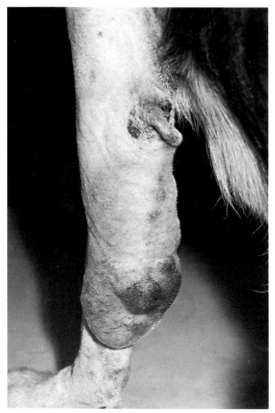

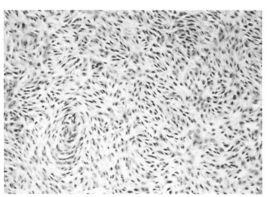

图2-34　血管周细胞瘤

老犬前肢的血管周细胞瘤：瘤体巨大，位于皮下，与皮肤紧贴，呈分叶状，质地似橡皮，生长较缓慢。

（Bostock DE 等）

图2-35　血管周细胞瘤

组织上此瘤与纤维瘤或纤维肉瘤相似，有时很难区分。瘤组织由排列成束或密螺纹状小梭形瘤细胞构成，其特征结构是在这些螺纹的中心存在小毛细血管。海登海因氏苏木精染色。

（Bostock DE 等）

13. 血管瘤（hemangioma）

血管瘤是一类由增生的不同类型血管所构成的良性肿瘤，其界限不清（图2-36至图2-38）。

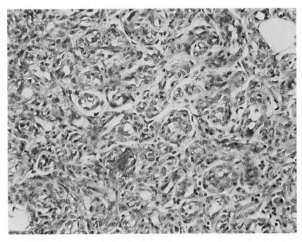

图2-36　血管瘤

毛细血管瘤：瘤组织由异常增生的毛细血管构成。HE×400　　　　　　（陈怀涛）

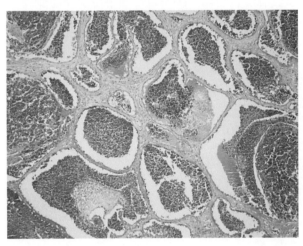

图2-37　血管瘤

海绵状血管瘤：瘤组织由大小不等的扩张的血窦构成，窦壁衬以扁平上皮，窦腔内常充满红细胞，血窦之间有多少不一的结缔组织。HE×100　　　　　　（陈怀涛）

图2-38　血管瘤

牛海绵状血管瘤，其结构与图2-37相似，但血管窦腔多因血液流失而空虚。HE×200

（陈怀涛）

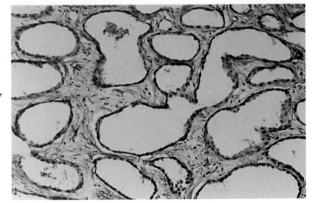

14. 血管肉瘤（hemangiosarcoma）

血管肉瘤起源于血管内皮细胞，故又称血管内皮肉瘤（hemangioendotheliosarcoma）或恶性血管内皮细胞瘤（malignant hemangioendothelioma）。这种肿瘤呈高度恶性，组织特点是血管不规则地相互吻合，血管衬以单层或多层不典型的多形性内皮细胞。肿瘤组织中的一些区域会有那些恶性内皮细胞构成的间隙，其中存在着红细胞，据此可做出诊断。核有丝分裂象很多。血管肉瘤常向各器官转移（图2-39至图2-43）。

图2-39　血管肉瘤

　　羊肝血管肉瘤：肝脏表面见大小不等的肿瘤结节，呈灰白色或黑红色，较大结节的中心常凹陷。　　　　　　　（陈怀涛，哈斯）

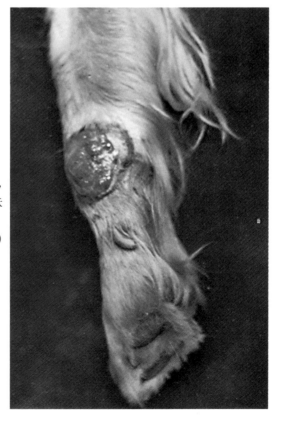

图2-40　血管肉瘤

　　9岁犬前肢的一个恶性血管内皮细胞瘤。其质脆，表面因不规则的出血与坏死而呈斑驳样。注意皮肤的这种肿瘤眼观上应与肉芽组织作鉴别。

（Bostock DE 等）

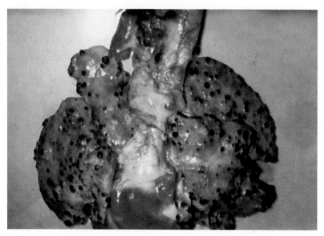

图2-41　血管肉瘤

这是犬肺的转移性恶性血管内皮细胞瘤（原发瘤位于皮肤），继发瘤在肺脏弥散分布，呈暗红色结节状突出于肺表面。

（Bostock DE 等）

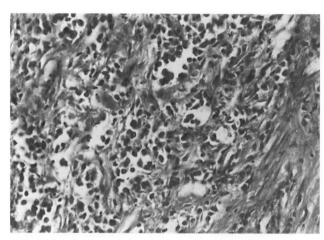

图2-42　血管肉瘤

羊肝血管肉瘤：血管内皮细胞恶性增生，瘤细胞异型性大，有些向血管腔隙生长，甚至进入腔中，血管大小不一，管腔不规则，血管间有少量结缔组织。HE×400　　　　　（陈怀涛）

图2-43　血管肉瘤

牛肝血管肉瘤：血管大小不一，形状不规则，互相吻合，常呈腔隙状，瘤细胞异型性大，可见分裂象，有些瘤细胞已侵入管腔。HEA×400　　（陈怀涛）

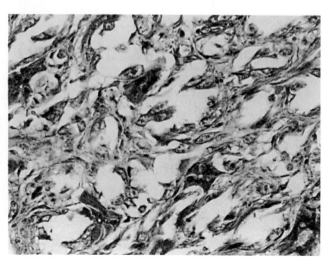

15．淋巴管瘤（lymphangioma）

这是一种完全由衬以单层内皮细胞的大小不等的淋巴管所构成的良性肿瘤，可分为毛细管性、海绵状或囊状。先天性淋巴管瘤（畸形）在家畜和人都可见到（图2-44）。

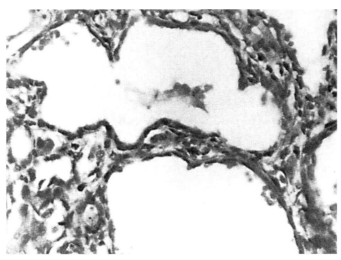

图2-44 淋巴管瘤

　绵羊肝淋巴管瘤：瘤组织由许多和淋巴管相似的大小、形态不规则的囊腔构成，间质为含血管的结缔组织。HE×400

（刘宝岩等）

16．肥大细胞瘤（mastocytoma；mast cell tumor）

肥大细胞瘤是一种恶性肿瘤，在犬的皮肤间叶肿瘤中最为普通，也见于猪，其他家畜少见。肿瘤常发生于皮肤或内脏。组织上肿瘤由分化程度不同的肥大细胞构成，细胞呈圆、卵圆、多角或狭长形，核卵圆。分化差的肿瘤可出现多核的奇异细胞（图2-45至图2-48）。

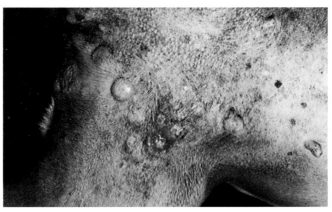

图2-45 肥大细胞瘤

　一只8岁Boxer种犬的多发性肥大细胞瘤，呈大小不等的结节状；生长缓慢时质软，生长快时质硬。能侵犯皮肤，引起破溃、发炎。切面常呈淡黄褐色或淡绿色，并因出血而呈斑驳样。

（Bostock DE等）

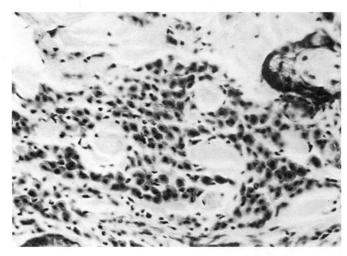

图2-46　肥大细胞瘤

　　犬分化良好的肥大细胞瘤：瘤组织是由肥大细胞和结缔组织构成的。瘤细胞浆丰富，呈紫红色，胞核呈球形，位于细胞中央。核分裂象很少。瘤细胞被大空隙隔开。HE

（Bostock DE 等）

图2-47　肥大细胞瘤

　　犬肥大细胞瘤：瘤细胞常成群分布，胞浆内含有嗜碱性颗粒。肥大细胞染色法×400　　（刘宝岩等）

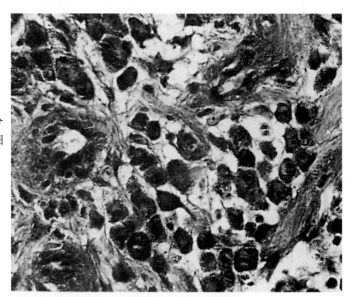

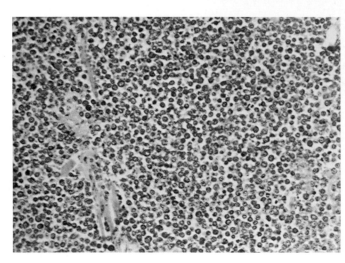

图2-48　肥大细胞瘤

　　犬低度分化的肥大细胞瘤：瘤组织是由密集的瘤细胞构成的。细胞核大而不规则，胞浆少，有丝分裂象较多。HE　　（Bostock DE 等）

17．网状细胞肉瘤（reticulum cell sarcoma）

这是起源于网状细胞的恶性肿瘤。网状细胞肉瘤几乎都见于中老年犬，好发于腹胁、头部和四肢部皮肤。其大小从直径数毫米至数厘米。生长迅速者可致局部皮肤破溃并入侵周围组织（图2-49至图2-51）。

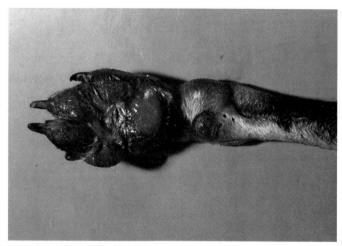

图2-49　网状细胞肉瘤

5岁㹴犬前足部的网状细胞瘤：单发，肿瘤部皮肤破溃，色红。

（Bostock DE 等）

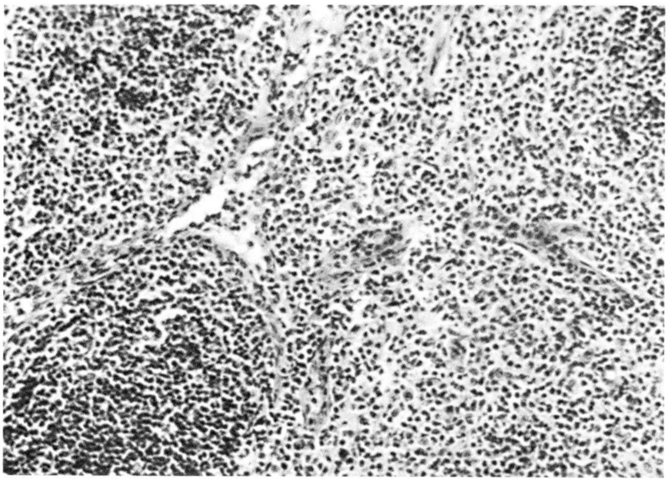

图2-50　网状细胞肉瘤

组织上此瘤常难与组织细胞瘤相区别。瘤组织由一片密集的无界限的大细胞构成，胞核形状不一，有缺刻，细胞间界限模糊，核有丝分裂象普通。HE　　　　（Bostock DE 等）

图2-51　网状细胞肉瘤

网状纤维染色时，瘤组织中可见单个或小团块的瘤细胞由大量纤细的网状纤维所包围。Gomori 氏浸银染色

（Bostock DE 等）

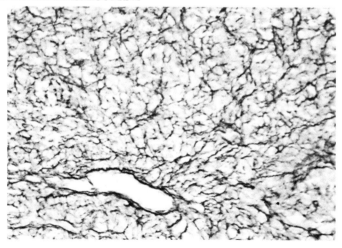

18．组织细胞瘤（histiocytoma）

组织细胞瘤是来源于间叶组织的一种良性肿瘤。多见于犬，少见于猫。在犬，多发生于 4 月龄至 15 岁的犬，以青年犬（4 月龄至 2 岁）最易发生。纯种犬多见。主要发生部位是头、颈、躯干、四肢等部皮肤，尤其耳垂部或肢端。多单发，呈纽扣状或半球状，直径一般在 1～2cm。此种肿瘤界限明显，但无包膜，较实在，生长迅速，局部皮肤可破烂，但瘤体常经 2～3 个月自行消退。瘤组织是由比较一致的圆形、卵圆形或多角形细胞构成（图2-52、图2-53）。

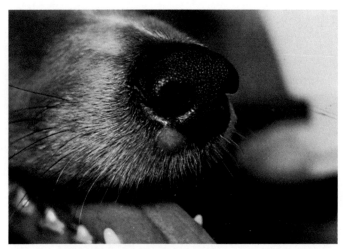

图 2-52　组织细胞瘤

　1 只 8 月龄柯利（Collie）犬的组织细胞瘤，肿瘤位于鼻孔下方皮肤，形圆，色红，界限明显。

　　　　　　　　　　　　　　　　　　　　（Bostock DE 等）

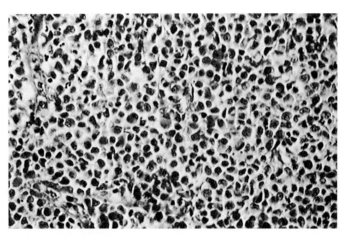

图 2-53　组织细胞瘤

　皮肤真皮与表皮弥散浸润大量组织细胞样瘤细胞。细胞表现活跃。细胞大，胞浆丰富，核形状不规整。细胞界限不清，核有丝分裂象较多。瘤细胞间常有多少不等的淋巴细胞分布。

　　　　　　　　　　　　　　　　　　　　（Bostock DE 等）

19．间皮细胞瘤（mesothelioma）

间皮细胞瘤简称间皮瘤，是起源于胸膜或腹膜间皮细胞的良性肿瘤，表现为单发或多发，呈结节状或皱襞状，无浸润或转移现象，组织上似纤维结缔组织，瘤细胞常呈梭形，有的呈上皮样细胞并排列成岛屿状（图2-54、图2-55）。

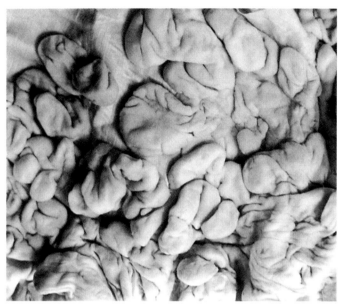

图2-54 间皮瘤

牛胸膜间皮瘤：肿瘤呈皱襞状生长，质软，形状不规则。

（薛登民）

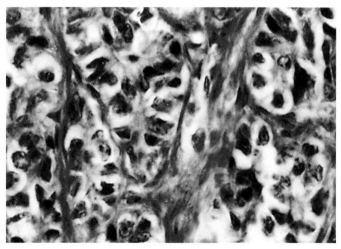

图2-55 间皮瘤

鸡肠浆膜间皮瘤：瘤细胞呈立方形或多角形，核大且深染。瘤细胞常被间质分割成腺泡样结构。Van Gieson×400 （刘宝岩等）

第三章　呼吸系统

（Chapter 3：The Respiratory System）

一、鼻 腔 癌
（Nasal carcinoma）

　　这里所说的鼻腔癌是包括鼻腔（nasal cavity）和鼻窦即副鼻窦或鼻旁窦（accessory nasal sinuses）的癌。鼻窦是筛窦、上颌窦、额窦和蝶窦的总称。鼻腔癌表现为腺癌或鳞癌。马、牛、犬、猫、猪等多种动物均有发生。鼻腔癌虽常为单侧性，但因受害侧肿瘤的扩张性生长，可致鼻甲骨破坏，鼻腔（有时还有鼻前窦）可被大块瘤组织堵塞，从而患瘤动物表现"呼噜"呼吸、单侧鼻漏和叩诊敏感等临诊症状。鼻腔腺癌发源于鼻腔或鼻窦黏膜的柱状上皮细胞，而鳞癌则常发生于外鼻孔区黏膜与皮肤的交界处（图3-1至图3-3）。

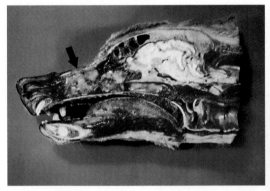

图3-1　鼻腔癌

　　犬鼻腔腺癌：在患犬的头正中矢状面上，可见鼻腔中有明显的灰白色肿瘤增生物（↓）。

（Bostock DE 等）

图3-2　鼻腔癌

　　鼻腔腺癌：肿瘤组织分化不良，由一片密集的同种大细胞组成，这些细胞深染，排列无序。在有的病例，还可见大上皮细胞组成的腺泡。

（Bostock DE 等）

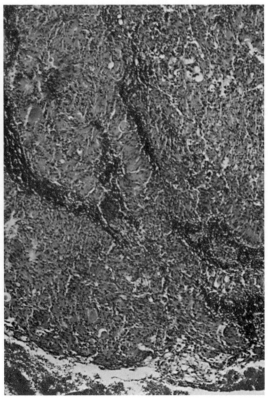

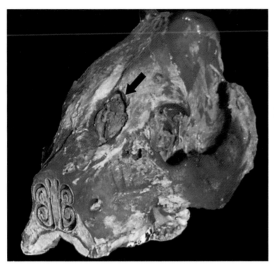

图3-3　鼻腔癌

　　左侧筛窦有结节状的腺癌生长（↓），癌瘤充满筛窦腔，并向外生长破坏骨质。　　　　（姚金水）

二、肺的肿瘤
(Tumours of the lung)

　　肺的肿瘤主要是指肺腺瘤和腺癌（adenoma and adenocarcinoma），也包括表皮样癌和间变癌等。肺的肿瘤在猫、犬、牛等动物都较少见，而且主要发生于老猫、老犬。除绵羊肺腺瘤病外，肺腺瘤多为单发，呈大小不等的结节状，质硬，色黄白，有时因膨胀性生长而变得很大，甚至占据整个肺叶（图3-4）。肺腺癌和其他肺癌因经肺间质蔓延生长而常呈多发性（图3-5）。犬和其他动物的肺腺癌有两型：柱状细胞型（支气管源型）和立方状细胞型（呼吸性细支气管源型），猫多为柱状细胞型（图3-6至图3-8）。肺表皮样癌和间变癌偶可见到。

　　1. 肺腺瘤（pulmonary adenoma）

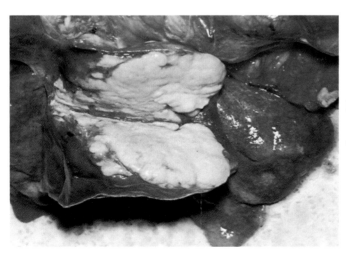

图3-4　肺腺瘤

　　6岁Boxer种母犬的肺腺瘤。肿瘤切面界限清楚，呈灰黄色。

　　　　　　　　　　　（Bostock DE 等）

2．肺腺癌 （pulmonary adenocarcinoma）

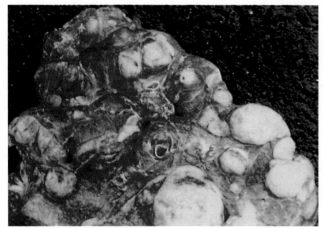

图3—5　肺腺癌

在乳牛肺脏的切面，有许多大小不等的肿瘤结节，结节为类形圆，界限明显，色灰白，均匀一致，伴有出血。

（张旭静．动物病理学检验彩色图谱．北京：中国农业出版社，2003）

图3—6　肺腺癌

犬柱状细胞型肺腺癌：瘤组织是由柱状上皮细胞组成大小不等的腺泡构成的。HE　　　　　　　（Bostock DE 等）

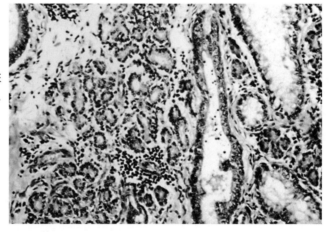

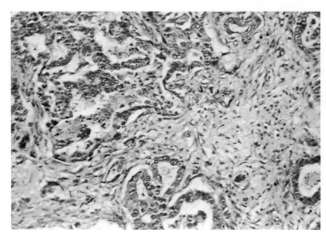

图3—7　肺腺癌

犬立方状细胞型肺腺癌：瘤组织是由立方状上皮细胞组成不规则的腺泡构成的。HE　　　　　　（Bostock DE 等）

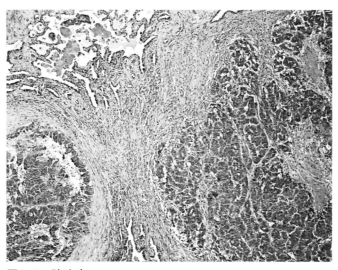

图3-8　肺腺癌

支气管上皮源性肺腺癌：支气管上皮异常增生，突向管腔，形成腺癌结构，其周围可见较多结缔组织。HE×100

（甘肃农业大学兽医病理室）

3. 肺表皮样癌（pulmonary epidermoid carcinoma）

肺表皮样癌即鳞状细胞癌，是由大细胞组成的实性团块构成的。这些细胞呈不同程度的分层、平铺或角化现象，总体像鳞状或表皮上皮。眼观为白色团块，常邻近肺门。偶见于犬、猫、牛等动物（图3-9、图3-10）。

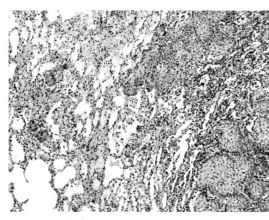

图3-9　肺表皮样癌

牛肺泡上皮源性肺癌（表皮样癌）：癌细胞起源于肺泡上皮，形成大小不等的鳞状细胞癌巢，且瘤组织和周围组织有一定界限，癌组织附近的肺泡受压萎陷。HEA×100

（罗马尼亚布加勒斯特农学院兽医病理室）

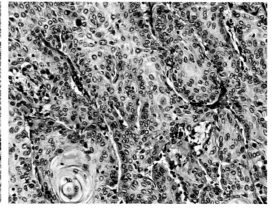

图3-10　肺表皮样癌

牛肺泡上皮源性肺癌（表皮样癌）：癌组织主要由鳞状细胞团块组成，有的团块中心可见癌珠样结构。HEA×400

（罗马尼亚布加勒斯特农学院兽医病理室）

4. 肺间变癌（pulmonary anaplastic carcinoma）

这是一类和肺腺癌、表皮样癌不同的低分化癌。细胞形态一为小细胞，有淋巴样细胞形、梭形和多角形，一为大细胞。间变癌可经淋巴源或血源转移，常见于幼龄动物，发生位置主要在肺门或肺叶中部。偶见于狗、牛（图3-11）。

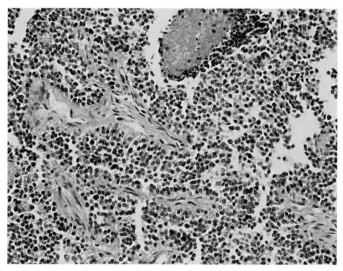

图3-11 肺间变癌

　牛小细胞间变癌：癌细胞小而圆，似淋巴细胞，它们组成小岛，从其边缘可看出是属于上皮性质，有些肿瘤细胞发生坏死。

HE×200　　　　　　　　　　　　　　　　（甘肃农业大学兽医病理室）

5. 绵羊肺腺瘤病（sheep pulmonary adenomatosis）

　绵羊肺腺瘤病又称绵羊肺癌（pulmonary carcinoma of sheep）或驱羊病（jaagsiekte），是成年绵羊（主要为2～4岁绵羊）的一种慢性接触传染性肿瘤病，其病原为乙型反录病毒属（*Betaretrovirus*）的绵羊肺腺瘤病病毒（Ovine pulmonary adenomatosis virus）。主要临诊症状为渐进性咳嗽和呼吸困难，"小推车试验"（将绵羊后躯抬高）时从鼻孔流出含泡沫的稀薄液体。眼观病变为肺（尤其膈叶）散在或密发灰白色结节状病灶，或灰白色团块，切面湿润。组织上肺泡上皮与终末细支气管上皮高度增生并形成多发性乳头状囊腺瘤结构，其附近肺泡中常充满大量巨噬细胞。本肿瘤病除少数外一般不发生胸腔淋巴结转移（图3-12至图3-18）。

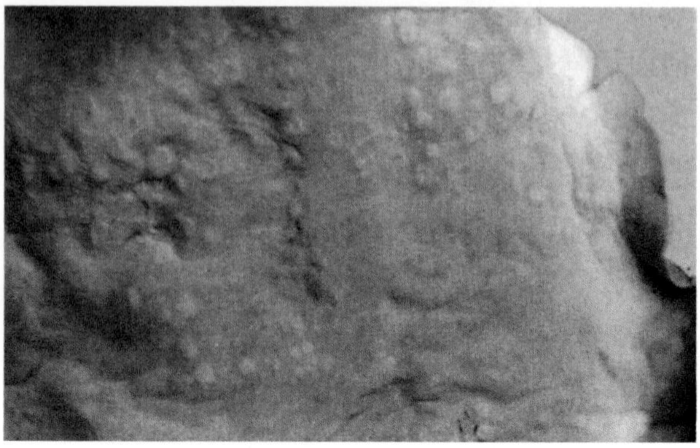

图3-12 绵羊肺腺瘤病

　肺表面散在肺腺瘤结节，其大小不等，色灰白。　　　　　　　（陈怀涛）

图 3-13　绵羊肺腺瘤病

　　肺切面上见许多大小不等的灰白色结节，有些结节已融合为团块。（陈怀涛）

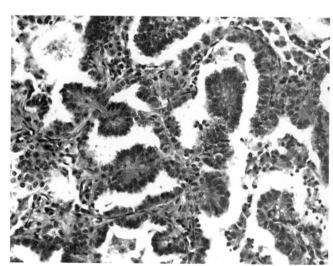

图 3-14　绵羊肺腺瘤病

　　肺泡因其上皮细胞增生而呈腺泡样，有些增生的上皮呈乳头状突起伸向肺泡腔，肺泡间隔的结缔组织也增生并伸入突起中。HE×200　　　（朱宣人）

图 3-15　绵羊肺腺瘤病

　　细支气管上皮增生，管壁厚薄不均，管腔变形，其中有一些中性粒细胞；管周结缔组织增生，淋巴细胞大量浸润。细支气管外周的肺泡呈腺样。HE×200

　　　　　　　　　　　　（陈怀涛）

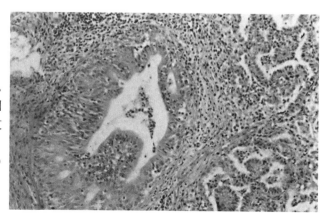

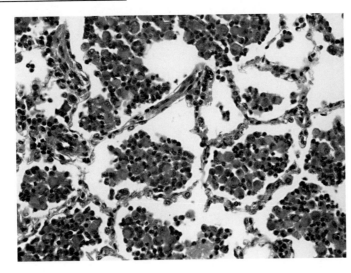

图3-16　绵羊肺腺瘤病

　　腺瘤灶附近的肺泡腔中巨噬细胞大量集聚，其中杂有少量中性粒细胞和嗜酸性粒细胞。HE×400

（陈怀涛）

图3-17　绵羊肺腺瘤病

　　疾病后期，瘤组织中多有大量中性粒细胞渗出并形成化脓灶，但腺样结构尚可辨认。HE×400　　（陈怀涛）

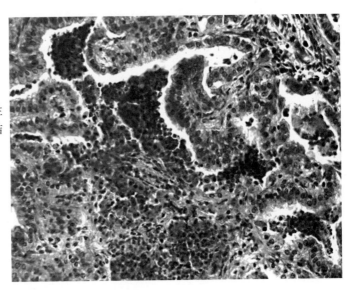

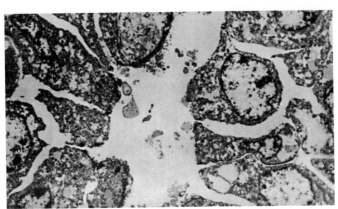

图3-18　绵羊肺腺瘤病

　　电镜下见Ⅱ型肺泡上皮源性肿瘤细胞明显增生，其细胞形圆或呈立方状，核大呈泡状，胞浆丰富。×2 800

（邓普辉）

第四章 消 化 道

（Chapter 4：The Alimentary Tract）

从口腔至肛门的整个消化道，都有可能发生肿瘤，不过在某些部位的某种肿瘤可能比较多发。犬、猫、牛、羊的消化道肿瘤比其他动物较为多见，尤其是犬。上消化道的乳头状瘤、鳞状细胞癌、唾液腺肿瘤，下消化道的腺瘤与腺癌都有不少报告。犬口腔的恶性黑色素瘤更为普通。此外，也可见到软（间叶）组织的肿瘤和牙源性肿瘤等。

一、口腔与食道的肿瘤
（Tumours of the oral cavity and esophagus）

1．乳头状瘤（papilloma）

乳头状瘤见图4-1至图4-4。

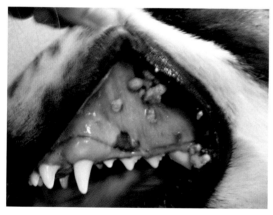

图4-1 乳头状瘤

犬口腔乳头状瘤：肿瘤呈结节状，大小不等，多发，色灰黄，表面粗糙。 （周庆国）

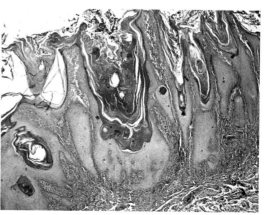

图4-2 乳头状瘤

唇乳头状瘤：唇部表皮细胞异常增生，向外突出，形成许多不规则的突起，表面明显角化。
HEA×40 （陈怀涛）

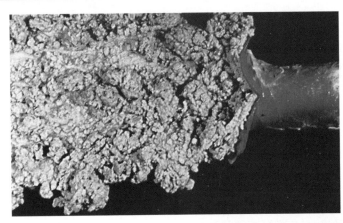

图4-3　乳头状瘤

　　母牛食管乳头状瘤：食管黏膜全被多发性乳头状瘤所覆盖，故其表面粗糙，管腔狭窄。　　（Mouwen JMVM 等）

图4-4　乳头状瘤

　　图4-3肿瘤的组织切片。可见乳头状瘤的上皮由正常上皮延续生长而成，瘤组织中树枝状的红色结缔组织索来自黏膜基质。Van Gieson。

　　　　　　　　（Mouwen JMVM 等）

2．鳞状细胞癌（squamous cell carcinoma）
　　鳞状细胞癌见图4-5。

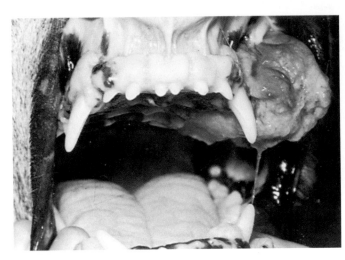

图4-5　鳞状细胞癌

　　犬齿龈进行性鳞状细胞癌：一只老犬的左侧上齿龈有鳞癌生长，肿瘤较大，呈不规则团块状，色红，有炎症和坏死。　　（Bostock DE 等）

3. 成釉细胞瘤（ameloblastoma）

牙源性肿瘤在动物很少见，因此其分类只能参考人类肿瘤，这里仅图示成釉细胞瘤
（图4-6、图4-7）。

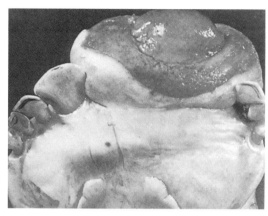

图4-6 成釉细胞瘤

牛第一右门齿位有一个呈膨胀性生长的软组织瘤结，质硬，局部下颌骨被破坏。 （Mouwen JMVM 等）

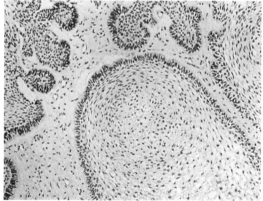

图4-7 成釉细胞瘤

这是一种有破坏性的良性肿瘤，瘤细胞形成大小不等、形状不规则的细胞岛，岛的中心区为疏松的多角形细胞，外围则是和正常成釉细胞相似的柱状或立方状细胞；瘤细胞岛之间为结缔组织。

（Mouwen JMVM 等）

4. 纤维瘤（fibroma）

动物的口腔和食道部黏膜都可有纤维瘤生长，如猪等动物的口咽部就有报告，这里仅图示一例牛食道沟纤维瘤（图4-8）。

图4-8 纤维瘤

在瘤胃食道沟部有一团多发性纤维瘤，其大小不等，色淡黄，表面光滑，因此生前引起进食和嗳气困难。 （Mouwen JMVM 等）

二、胃与肠的肿瘤

（Tumours of the stomach and intestines）

1．胃腺瘤（gastric adenoma）

犬的腺瘤或"息肉"最为常见，它们可发生于胃肠的任何部位，但主要见于胃幽门区、十二指肠和直肠最后几厘米处。

胃腺瘤一段较小而硬，也可生长较大，常以蒂与黏膜相连。切面灰白，有纤维纹理，其上被覆大量细小的乳头状结构，致使其外观呈绒毛景象（图4-9、图4-10）。

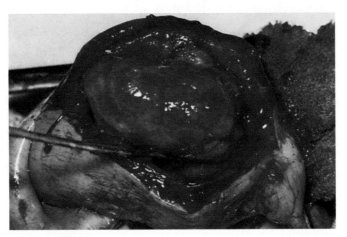

图4-9 胃腺瘤

此图为犬的一个胃腺瘤，个体较大，正在进行外科手术切除。

（Bostock DE 等）

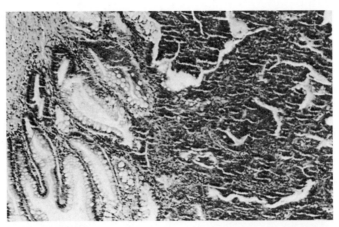

图4-10 胃腺瘤

组织上胃腺瘤由高柱状上皮细胞形成分支的乳头或腺泡样结构而构成，乳头的中轴有结缔组织伸入。许多上皮细胞中含有黏液滴。瘤组织未入侵黏膜下的基质，部分瘤组织发生炎症反应和坏死。

（Bostock DE 等）

2. 胃腺癌 (gastric adenocarcinoma)

胃肠腺癌在动物虽可见到，但不像人类胃肠腺癌那样多见。腺癌是一种形成管泡状结构的恶性肿瘤，可表现为以下几种类型：乳头状腺癌（呈指状突起伸入腔内）、管形腺癌（其结构为纤维组织间质中有许多分支的小管）、黏液性腺癌（由大片黏蛋白和腺体破裂的上皮细胞堆组成）、戒指细胞癌（其主要成分是一些孤立的胞浆含有黏蛋白的细胞）（见图4-11、图4-12）。

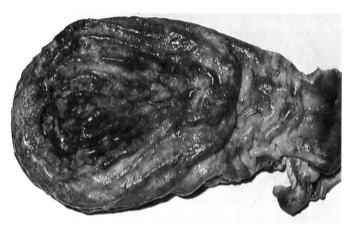

图4-11 胃腺癌

犬胃腺癌。眼观，病变为胃壁呈界限不明显的、形状不规则的增厚区，甚至常侵犯全胃，致胃壁弥漫增厚，故名"皮袋胃"。

(Bostock DE 等)

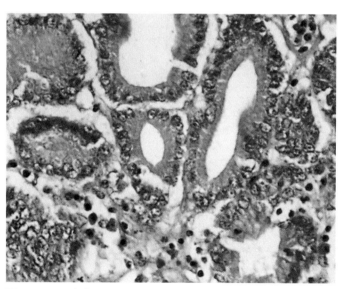

图4-12 胃腺癌

猪胃贲门腺癌（管形腺癌）：癌组织由大小不等的腺管和少量间质构成，组成腺管的癌细胞为柱状上皮，异型性较大，胞浆含有黏液样物质。HE×400

(刘宝岩)

3. 肠腺癌（intestinal adenocarcinoma）

肠腺癌见图4-13至图4-15。

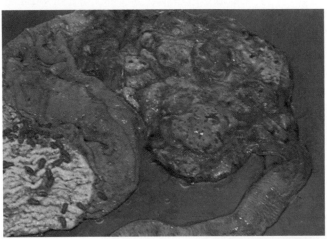

图4-13　肠腺癌

　　马十二指肠前部的腺癌：肠壁增厚，并有许多突出的结节，黏膜表面发生出血和溃疡。这些病变可致肠腔部分或完全闭塞。
　　　　　　　　　　　（Bostock DE 等）

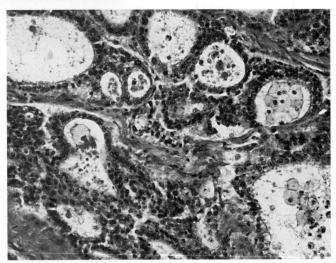

图4-14　肠腺癌

　　管形—黏液性腺癌：瘤组织由大小不等、形状不规则的腺样结构和少量结缔组织构成，腺腔上皮呈单层或多层，腔中含有黏液、脱落的上皮及炎性细胞。HE×400　　　　（陈怀涛）

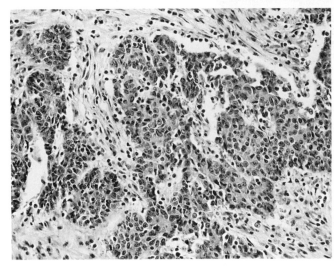

图4-15　肠腺癌

　　低分化腺癌：癌细胞多构成无腺腔的不规则的细胞团块，其间为少量结缔组织，癌细胞异型性较大，见核分裂现象。HE×400　　　　　　（陈怀涛）

第五章　肝脏与胰脏

（Chapter 5：The Liver and Pancreas）

一、肝脏的肿瘤
（Tumours of the liver）

　　肝脏（包括肝内胆管）的肿瘤在多种动物都较普通，最常见的为肝瘤（肝细胞腺瘤）、肝癌（肝细胞癌）和胆管癌（胆管上皮细胞癌）。这在牛、羊、犬、猫和猪都有报告。肝脏肿瘤的原因很复杂，包括病毒、化学物质、霉菌毒素等。

1．肝瘤（hepatoma）

　　肝瘤是来源于肝细胞的良性肿瘤，瘤细胞与正常肝细胞较相似，眼观常呈结节状，其界限明显（图5-1至图5-3）。

图5-1　肝瘤
　　猪肝瘤。左：肝左叶的外侧表面可见不明显的结节状突起。结节的周围有明显的灰白色结缔组织增生。右：肿瘤切面可见结节状的瘤组织被结缔组织包裹，有的肿瘤结节有出血，瘤组织与周围正常肝组织界限明显。　　　　　　　（张旭静）

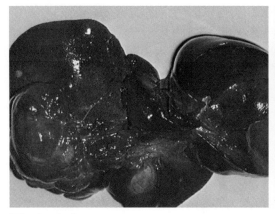

图5-2 肝瘤

　　犬肝瘤：肝脏表面可见一些界限明显的瘤结，质地硬实，较大，有的直径可达数厘米，以宽阔的基部与肝脏相连。偶见带蒂的肝瘤。(Bostock DE 等)

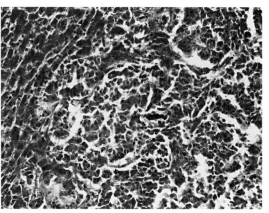

图5-3 肝瘤

　　猪肝瘤：瘤细胞排列成条索或小团，其形状和正常肝细胞相似，周围肝细胞受压萎缩。HE×400

（陈怀涛）

2．肝癌（hepatic carcinoma）

　　肝癌即肝细胞癌，是肝细胞的恶性肿瘤，其恶性程度差异很大，癌细胞有的与肝细胞相似，有的极不相似，异型性大，分裂象多。肝细胞癌可发生出血、坏死、脂肪变性和胆色素浸润，故呈斑驳状。原发性肝癌灶周围可发生肝内小转移，随后再转移到肝门淋巴结，血源性转移最先发生于肺（图5-4至图5-10）。

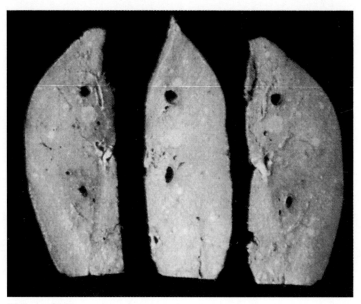

图5-4 肝癌

　　羊肝癌：肝表面和切面见许多大小不等的圆形黄白色肿瘤结节，其界限明显，但无包膜。　　　　　　　　　　　　　　　　（薛登民）

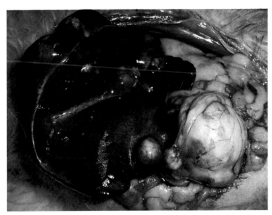

图5-5　肝癌

　　犬肝癌：肝脏表面和实质有多发性肿瘤生长，肿瘤色灰白，大小不一，与周围组织界限不清。

（周庆国）

图5-6　肝癌

　　雪豹肝癌：肝脏膈面凹凸不平，呈结节状，结节之间有少量结缔组织增生，结节色泽不一，呈紫红色或红褐色。　　　　　　（张旭静）

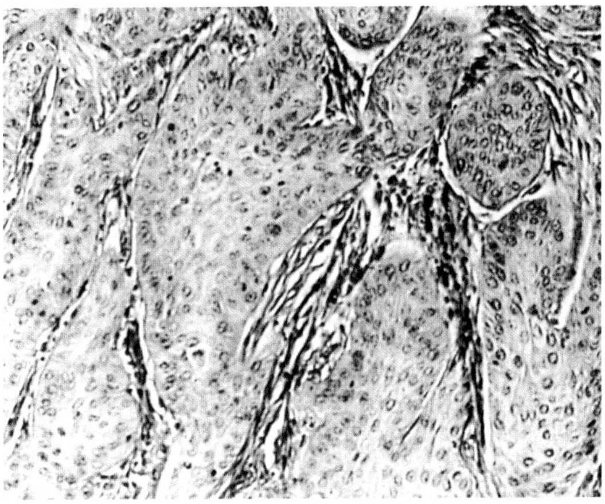

图5-7　肝癌

　　牛肝癌：癌细胞组成团块或条索，似大小不等的小叶，其间以薄层结缔组织相隔，癌细胞外形似肝细胞，但异型性大，核分裂象明显。HEA×200

（陈怀涛）

图5-8　肝癌

　　羊肝癌：癌细胞与肝细胞有些相似，但大小不一，可见核分裂象，周围肝细胞（右侧）受压萎缩。HE×400　　　　　　　　　（薛登民）

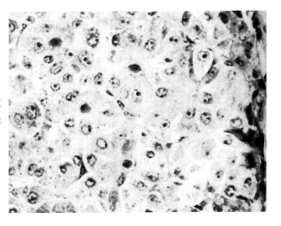

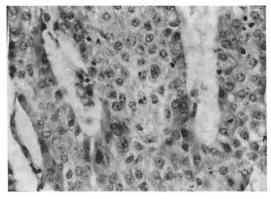

图5-9　肝癌
　　猪肝癌：癌细胞呈条索状排列，异型性明显，核深染，可见核分裂象。HE×400　　　（姚金水）

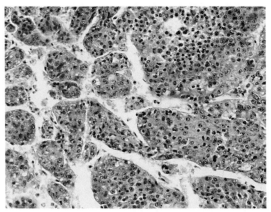

图5-10　肝癌
　　猪肝癌：癌细胞排列成细胞团块或条索，细胞浆内有嗜酸性颗粒和空泡，核仁明显，可见核分裂象。HE×400　　　　　　　　（陈怀涛）

3. 胆管瘤（cholangioma）

　　胆管瘤即胆管细胞腺瘤或肝内胆管腺瘤（intrahepatic bile duct adenoma），是由与肝内胆管相似的小管构成，上皮细胞呈立方状，胞浆清亮，小管间为中等量的基质。胆管囊腺瘤也为胆管细胞腺瘤，常由一些小囊泡结构组成，囊泡上皮细胞与胆管上皮相似，但一般较扁平，囊泡内常有黏液，其间为结缔组织（图5-11）。

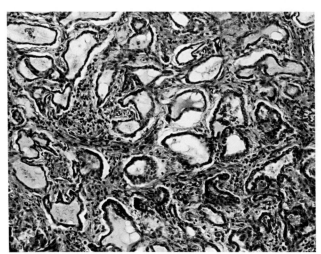

图5-11　胆管瘤
　　鸡胆管瘤（囊腺瘤）：瘤组织由丰富的囊泡构成，囊泡大小形状比较一致，但壁薄，有的形成突起，上皮细胞较扁平，其中有黏液，间质中细胞成分较多。HEA×400　　　　　　（陈怀涛）

4. 胆管癌（cholangiolar carcinoma）

胆管癌即胆管细胞癌或肝内胆管癌（intrahepatic bele duct carcinoma），是由胆管样上皮成分构成的，管腔大小、形状极不规整，上皮细胞呈立方状、柱状或扁平状，可形成乳头状突起，也可见实性细胞索或呈腺鳞癌的小灶。胆管癌的间质常较多。这种癌见于犬、猫、牛等动物，可发生局部淋巴结和腹膜的转移（图5-12至图5-15）。

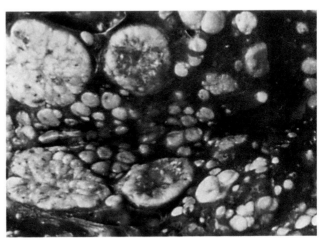

图5-12　胆管癌

猪胆管癌：肝脏切面可见许多大小不等的灰黄色肿瘤结节，形圆或椭圆，质地坚实，有的瘤实质中有出血或坏死，瘤结与肝胆管位置不一致，其周围有少量结缔组织增生，瘤组织与正常肝组织界限较明显。 　　　　（张旭静）

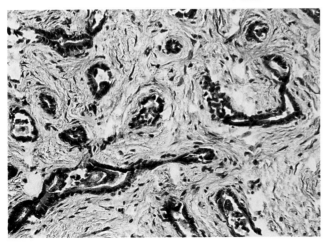

图5-13　胆管癌

牛胆管癌：癌细胞为立方状或柱状上皮，排列成大小不等、形状不规则的腺管、腺泡，异型性较大，肿瘤间质丰富。HEA×400 　　　　（陈怀涛）

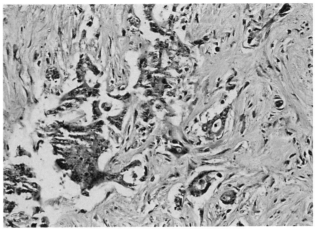

图5-14　胆管癌

牛胆管癌：癌细胞排列成极不规则的腺管、条索或小团块，瘤细胞异型性大，间质中胶原纤维丰富。HE×400

　　　　（陈怀涛）

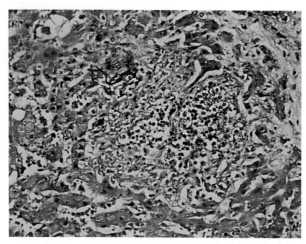

图5-15 胆管癌

胆管癌由不规则的胆管样结构组成。此图中心区为胆管癌导致的"胆汁湖"形成，故称胆管癌性胆汁湖。HE×400

(陈怀涛)

二、胰脏的肿瘤
（Tumours of the pancreas）

　　胰脏在组织学中包括胰腺（外分泌部）和胰岛（内分泌部），二者均可发生腺瘤和腺癌，犬、猫较为多见，牛、马、绵羊与猪则很少。胰腺腺瘤呈结节状，有包膜，组织上主要为管状型，罕见腺泡型。胰腺腺癌在组织上可分为小管状型、大管状型和腺细胞型，包膜不完整，症状出现前即可向肝、局部淋巴结及胰周组织转移。胰岛细胞腺瘤通常呈小结节状，组织上可分为巨胰岛型、缎带或小梁型和玫瑰花结型。胰岛细胞癌的形态与腺瘤相似，但癌细胞更致密，异型性大，并侵入附近胰实质和发生转移。

　　胰脏常见的肿瘤为胰腺腺癌（adenocarcinoma of the pancreas），见图5-16至图5-20。

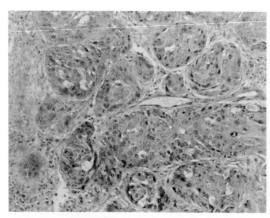

图5-16 胰腺腺癌

黄牛胰腺腺癌：癌巢呈大小不等的细胞团块，无管状结构，癌巢以少量结缔组织相隔。HE×200

（广西南宁肉类联合加工厂）

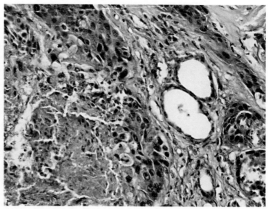

图5-17 胰腺腺癌

黄牛胰腺腺癌：癌组织中除见团块状癌巢外，尚见腺管状结构。癌细胞异型性大，见分裂象。有些癌细胞发生坏死。HE×400

（广西南宁肉类联合加工厂）

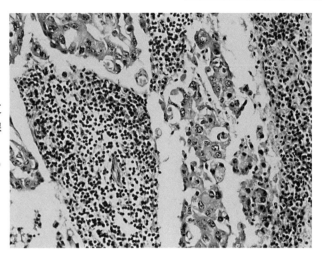

图5-18　胰腺腺癌

　　牛肠系膜淋巴结转移癌：在淋巴结的皮质和髓质淋巴窦中，均有较多转移的胰腺腺癌细胞。HE×400

　　　　　　　（广西南宁肉类联合加工厂）

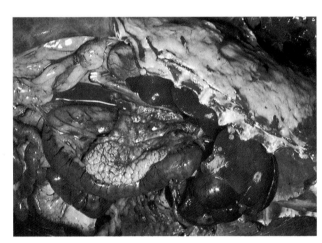

图5-19　胰腺腺癌

　　犬胰腺腺癌：眼观，一侧胰腺全被结节状瘤块所取代，这些瘤块紧连于网膜及周围组织，其切面色白，质硬，均质，局部有坏死。注意肝表面见许多大小不等的黄白色转移瘤。

　　　　　　　（Bostock DE 等）

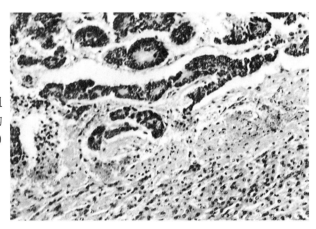

图5-20　胰腺腺癌

　　此图为肝脏的转移性胰腺腺癌。在肝组织中，可见许多类似正常胰腺的腺泡结构（图上部）。癌组织附近的肝细胞（图下部）受压萎缩。HE　　　　　（Bostock DE 等）

第六章　淋巴与造血组织

（Chapter 6：The Limphoid and Hemopoietic Tisuue）

一、淋巴肉瘤
（Lymphosarcoma）

　　淋巴肉瘤即淋巴瘤，也称恶性淋巴瘤（malignant lymphoma），是淋巴组织的一种恶性肿瘤。其解剖学类型包括多中心的（淋巴结及脾、肝等器官）、消化道、胸腺的与其他（器官）的。在组织上，根据细胞分化程度分为：干细胞（stem cell）性的即分化差的、组织细胞或网织细胞（hystiocytic or reticular cell）性的、淋巴母细胞（lymphoblast）性的以及幼淋巴细胞和淋巴细胞（prolymphocyte and lymphocyte）性的。

　　1. 羊淋巴肉瘤（lymphosarcoma of the sheep and goat）

　　羊淋巴肉瘤见图6-1至图6-8。

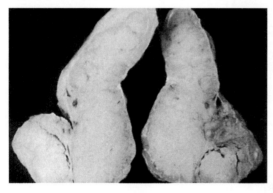

图6-1　羊淋巴肉瘤

　　山羊颈浅淋巴结高度肿大，变形，约为正常的数十倍，质地坚实，切面灰红，可见有包膜的结节。

（薛登民）

图6-2　羊淋巴肉瘤

　　在肝脏表面有一些大小不等的圆形微隆起的肿瘤结节，色灰白，界限明显。　　（薛登民）

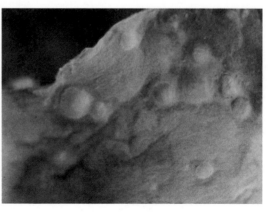

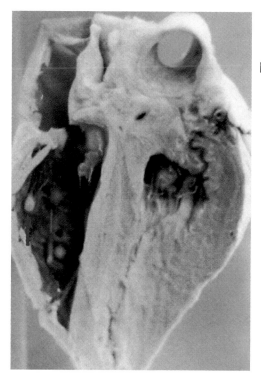

图6-3　羊淋巴肉瘤

　　右心内膜上有几个圆形肿瘤结节，呈灰白色（↑）。

（薛登民）

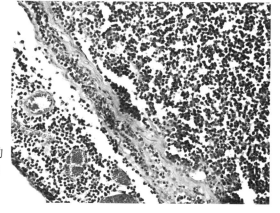

图6-4　羊淋巴肉瘤

　　山羊淋巴结内外均有大量瘤细胞增生，图中部的条状结缔组织为淋巴结被膜。HE×400　（薛登民）

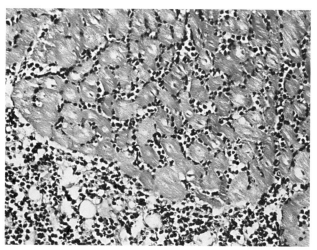

图6-5　羊淋巴肉瘤

　　在心肌纤维间和心外膜下，有大量大小和形态不一的淋巴肉瘤细胞散在和积聚。HE×400

（薛登民）

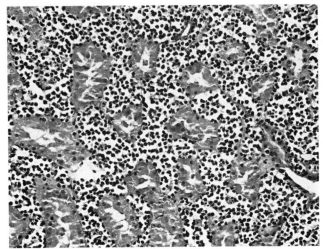

图6-6　羊淋巴肉瘤

在肾脏间质有大量瘤细胞增生，故间质增宽，肾小管萎缩或变性、坏死。
HE×400　　　　　　　　（薛登民）

图6-7　羊淋巴肉瘤

在脾脏被膜组织中有大量瘤细胞浸润。
HE×400　　　　　　　　（薛登民）

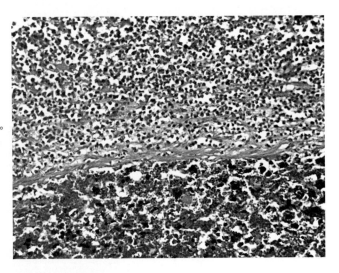

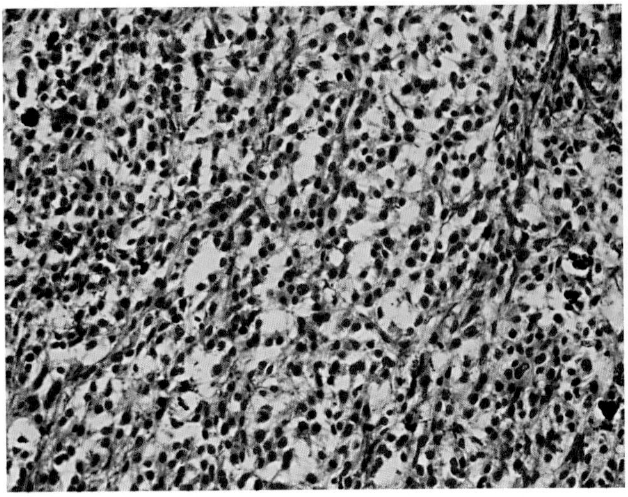

图6-8　羊淋巴肉瘤

脾网织细胞性淋巴肉瘤：瘤组织稀疏，呈网状结构，瘤细胞和网状细胞相似，为多角形，有发达的星芒状突起。
HEA×400

（罗马尼亚布加勒斯特农学院兽医病理室）

2. 猪淋巴肉瘤（lymphosarcoma of the pig）

猪淋巴肉瘤见图6-9。

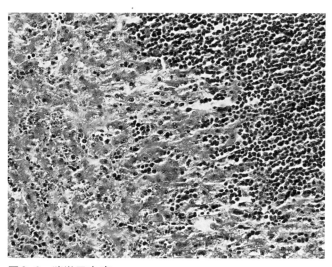

图6-9　猪淋巴肉瘤

猪肝脏。肝组织中有大量淋巴样瘤细胞浸润，肝细胞萎缩。

HEA×400　　　　　　　　　　　　　　　　（陈怀涛）

3. 犬淋巴肉瘤（lymphosarcoma of the dog）

犬淋巴肉瘤多见于4岁以上的中老年犬，虽可见消化道型、胸腺型等，但主要为多中心型，其临诊表现双侧体表淋巴结和扁桃体肿大（图6-10至图6-12）。

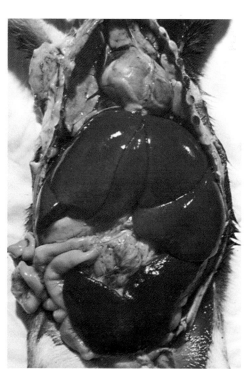

图6-10　犬淋巴肉瘤

此图为多中心型淋巴肉瘤患犬，除腮淋巴结和颌下淋巴结高度肿大外，剖检时可见肝、脾极度肿大。

（Bostock DE 等）

图6-11　犬淋巴肉瘤

年轻犬淋巴肉瘤。3岁以下的年轻犬常呈胸腺型淋巴肉瘤，多无临诊症状，或于短暂病症（无食，呼吸困难）后死亡。生前X光透视可见模糊瘤影。胸水含大量异常成淋巴细胞。剖检见胸腔前部胸腺区几乎被巨大的淋巴肉瘤所占据，瘤体有包膜，界限明显，肺脏与心脏均受压。

（Bostock DE 等）

图6-12　犬淋巴肉瘤

组织上淋巴结的病变最具特征。淋巴结正常结构消失，被一片密集的同种淋巴样细胞所取代，这些细胞包括大、中、小淋巴细胞和成淋巴细胞，核圆或卵圆，位于细胞中央，胞浆少，可见核分裂象。在有的肿瘤，发生空泡化的组织细胞还会带来"满天星"景象。　　（Bostock DE 等）

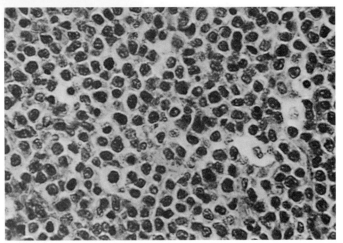

4．猫淋巴肉瘤（lymphosarcoma of the cat）

猫淋巴肉瘤见图6-13、图6-14。

图6-13　猫淋巴肉瘤

猫的消化道型与胸腺型淋巴肉瘤最为常见，而多中心型则很少。消化道型在临诊上有腹泻、厌食与呕吐等症状。剖检见小肠最易受害，病变表现为肠局部质地变硬，肠壁环状增厚，呈淡灰白色均质的组织，故肠腔狭窄或几乎封闭。局部肠系膜淋巴结高度肿大，质硬，切面均质，呈灰白色。

（Bostock DE 等）

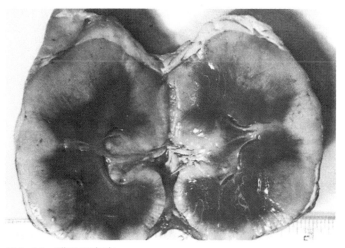

图6-14　猫淋巴肉瘤

猫常可见双侧肾皮质被大片淋巴肉瘤组织所浸润，呈均质灰黄色，生前可致进行性肾功能衰竭。　　　　　　　　（Bostock DE 等）

5．马淋巴肉瘤（lymphosarcoma of the horse）

马淋巴肉瘤见图6-15。

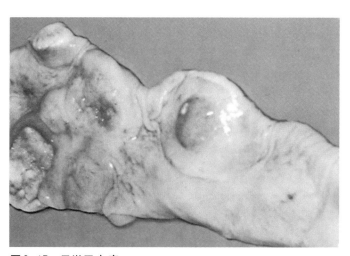

图6-15　马淋巴肉瘤

10岁母马淋巴肉瘤。马多为消化道型，但临诊无腹泻症状。此例患马整个小肠均被侵害。注意肠淋巴滤泡异常增大，其被覆黏膜发生溃疡。　　　　　　　　　　　　（Bostock DE 等）

二、牛白血病
（Bovine leukemia）

　　牛白血病又称牛淋巴肉瘤（lymphosarcoma），是一类淋巴细胞性恶性肿瘤，包括发生于成年牛的地方性白血病（成年型）和发生于犊牛与青年牛的散发性白血病（犊牛型、胸腺型、皮肤型）。牛地方性白血病的病原为丁型反录病毒属（*Delta retrovirus*）的牛白血病病毒（*Bovine leukemia virus*，BLV），牛散发性白血病则由非病毒性因素所致。本病的病理特征是淋巴结、内脏器官以及皮肤、胸腺因淋巴样细胞恶性增生而肿大或形成肿瘤结节。瘤细胞多为淋巴细胞型与成淋巴细胞型，偶见网状细胞型与干细胞型（图6-16至图6-24）。

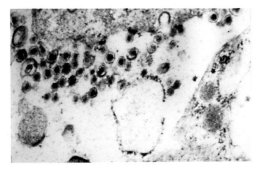

图6-16　病毒粒子的形态
　　牛白血病病毒粒子在透射电镜下的形态：形圆，直径80～100nm，有囊膜，还具有独特的三层结构。×60 000　　　　　　（刘胜旺）

图6-17　牛白血病
　　胸腺淋巴肉瘤：胸前部皮肤明显隆起，皮下形成大而光滑的肿块，病牛呼吸困难。　（Blowey RW等）

图6-18　牛白血病
　　颈浅（肩前）与髂下（股前）淋巴结肿大，明显突出于体表。　　　　　　　　　　　　（潘耀谦）

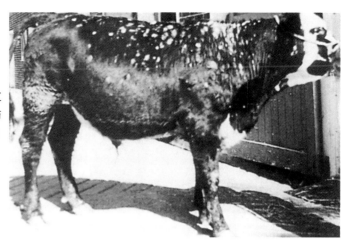

图6-19 牛白血病

皮肤淋巴肉瘤：颈、背与腹胁部皮肤形成大量灰白色肿瘤结节，髂下与其他淋巴结肿大。 （Blowey RW 等）

图6-20 牛白血病

眼淋巴肉瘤：肉瘤病变致使左眼突出。 （张旭静）

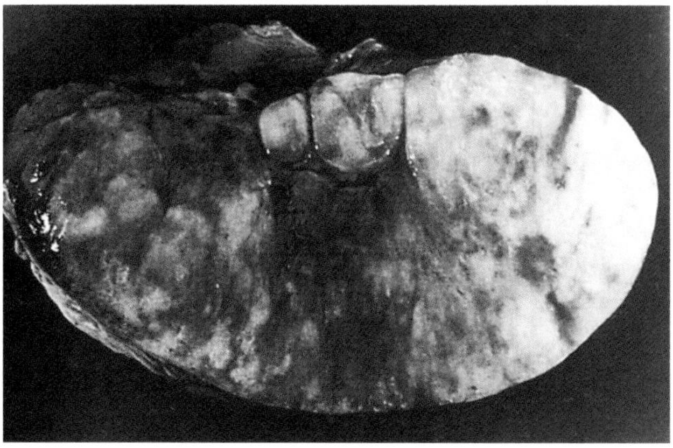

图6-21 牛白血病

一头年轻母牛的颈淋巴结。淋巴结肿大、质软，切面色灰白并有出血，淋巴结的结构不能辨认。 （Mouwen JMVM 等）

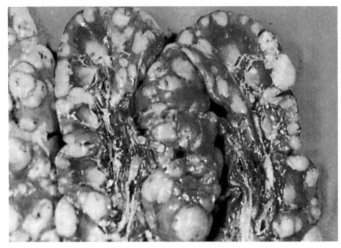

图6-22 牛白血病

肾淋巴肉瘤：肾脏表面和切面见许多大小不等的肿瘤结节，色黄白、均质，与周围肾组织有界限，但无包囊。 　　　　　　　　(张旭静)

图6-23 牛白血病

肝淋巴肉瘤的组织变化：肝组织中有大量淋巴样瘤细胞密布，有些肝细胞萎缩、消失，图左下角为较正常的肝细胞。 HEA×400 　(陈怀涛)

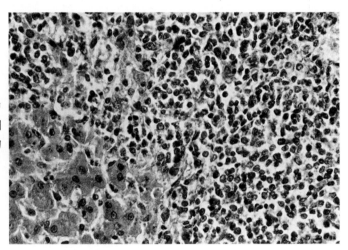

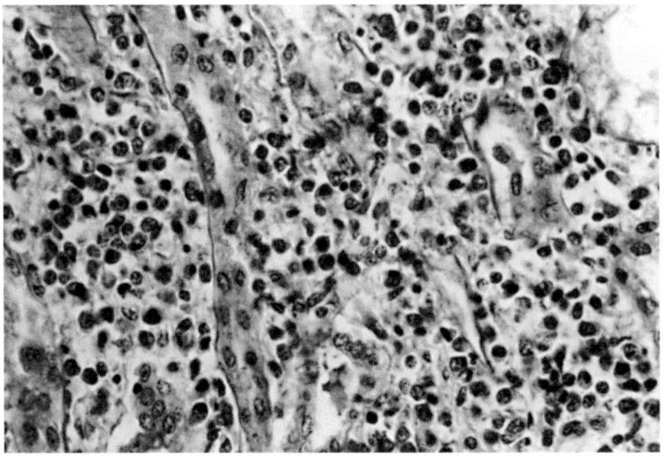

图6-24 牛白血病

肾淋巴肉瘤的组织变化：肾组织中有许多瘤细胞浸润，肾小管已萎缩或坏死、消失。 HEA×400

(陈怀涛)

三、髓细胞性白血病
（Myeloid leukosis）

髓细胞性白血病又称粒细胞性白血病（granulocytic leukemia），在各种家畜都较少见，其特征为瘤细胞弥漫浸润于骨髓、肝、淋巴结等部位，组织严重受损。瘤细胞集聚的肿瘤部，可呈绿色外观，因瘤细胞含过氧化物酶所致。当瘤细胞暴露于空气时，绿色可很快消失，但用过氧化氢可使绿色重新出现。瘤细胞为粒细胞系不同发育阶段的细胞，有的以分化差的髓母（成髓）细胞为主，分裂象多见；有的则以分化较好的分叶核粒细胞占优势（图6-25至图6-27）。

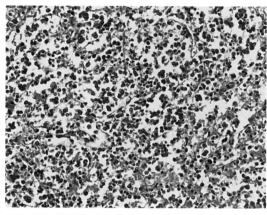

图6-25　髓细胞性白血病
脾脏：脾组织已被破坏，淋巴细胞减少，脾窦中可见许多较大的髓母细胞，胞浆少，嗜碱性，核呈泡状，有1～2个核仁。HE×400
（甘肃农业大学兽医病理室）

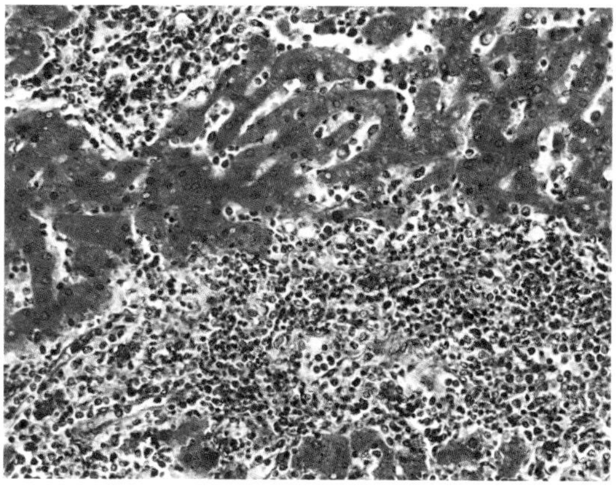

图6-26　髓细胞性白血病
肝脏：瘤细胞聚集于肝窦与汇管区。Mallory染色×400
（甘肃农业大学兽医病理室）

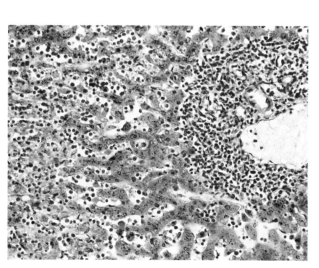

图6-27　髓细胞性白血病
肝脏：在肝窦内和小叶中央区有大量肿瘤细胞集聚。普鲁士蓝染色×400
（甘肃农业大学兽医病理室）

四、禽淋巴白血病
（Avian lymphoid leukosis）

　　禽淋巴白血病即淋巴细胞性白血病，是由禽白血病／肉瘤群病毒中的病毒引起的，发病年龄较大，16周龄以后开始发病，性成熟期（5～6月龄）发病率最高。患鸡表现食欲不佳、消瘦、贫血、腹部胀大等。血液检查可见红细胞减少，非成熟的淋巴细胞增多。本病的病理特征为，肝、脾、肾、法氏囊等器官弥漫性肿大，色泽变淡，或散在大小不等的灰白色肿瘤结节。肿瘤组织是由大小、形态基本一致的成淋巴细胞组成（图6-28至图6-40）。

图6-28　禽淋巴白血病

　　肝脏弥漫性肿大，散在大小不等的灰白色肿瘤细胞增生区，肿瘤结节不明显。　　　　　　　　　　　　　　　（王新华，王方）

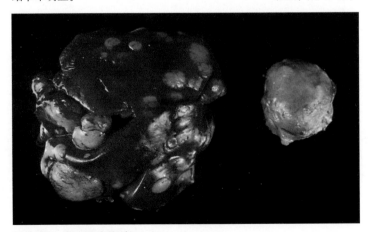

图6-29　禽淋巴白血病

　　成年鸡淋巴白血病。法氏囊（右）因肿瘤形成而高度增大，肝脏（左）形成结节状肿瘤病变。　　　　　　　　　（Randall CJ）

图6-30 禽淋巴白血病

脾脏弥漫性肿大,颜色变淡。

(王新华,王方)

图6-31 禽淋巴白血病

肾脏弥漫性肿大,颜色变淡,散布灰白色肿瘤细胞增生区。

(王新华,王方)

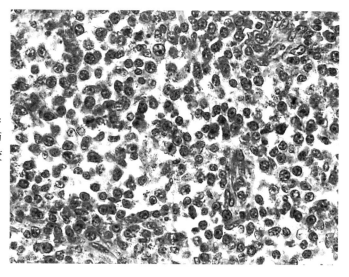

图6-32 禽淋巴白血病

肿瘤细胞(成淋巴细胞)的形态:大小基本一致,胞核呈泡状,核膜与核仁明显,可见核分裂象,胞浆较少,细胞边界不清。HE×400

(陈怀涛)

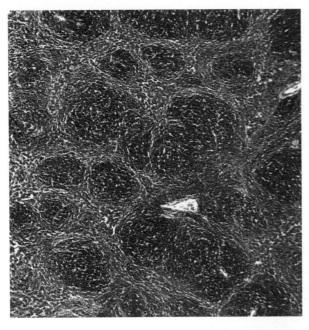

图6-33　禽淋巴白血病

　　肝内的肿瘤呈灶状与扩张性生长（这与马立克病较多为浸润性生长不同），故肝细胞索常被挤压于扩张生长的肿瘤灶之间。

（Randall CJ）

图6-34　禽淋巴白血病

　　肝组织中肿瘤细胞增生成结节状。肿瘤细胞大小均一、核呈泡状。HE×400

（彭西，崔恒敏）

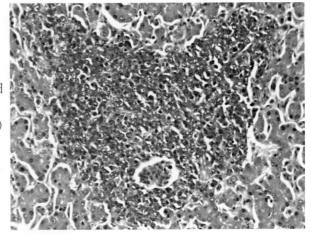

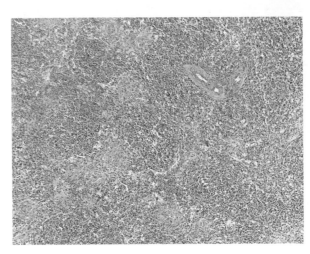

图6-35　禽淋巴白血病

　　脾组织中有大量淋巴滤泡样结构的肿瘤细胞灶形成，脾脏的正常结构严重破坏。HE×100　　　　（彭西，崔恒敏）

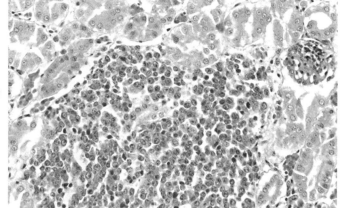

图6-36 禽淋巴白血病

　　肾间质肿瘤细胞呈结节状增生，瘤细胞核分裂象明显。HE×400

　　　　　　　　（彭西，崔恒敏）

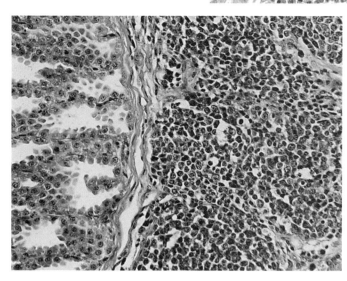

图6-37 禽淋巴白血病

　　腺胃黏膜下层肿瘤细胞大量增生。HE×400　　　（彭西，崔恒敏）

图6-38 禽淋巴白血病

　　肌纤维间肿瘤细胞大量增生，肌纤维受压萎缩，甚至消失。HE×400

　　　　　　　　（陈怀涛）

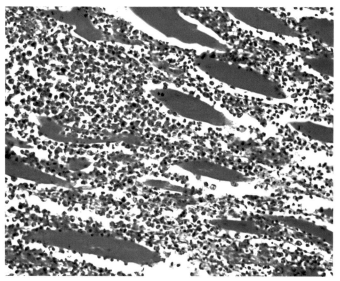

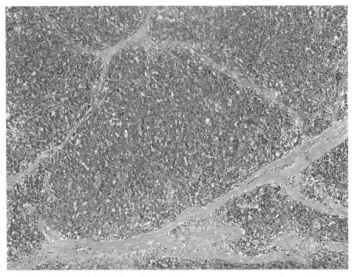

图6-39　禽淋巴白血病

　　鸡法氏囊。滤泡内原发性肿瘤细胞大量增生，故滤泡显得很大，但滤泡间无肿瘤生长。HE×100　　　　　　　　（彭西，崔恒敏）

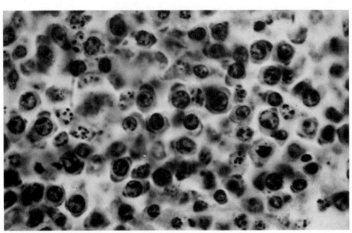

图6-40　禽淋巴白血病

　　许多肿瘤细胞在其自溶过程中发生核破碎，这与鸡马立克病常见的核浓缩不同。　　　　　　　　　　　　　　　　　（Randall CJ）

五、禽成红细胞性白血病
（Avian erythroblastosis）

　　本病是由病毒引起的一种少见的白血病。临诊表现全身贫血以及出血、水肿和积水，红细胞降至$1.2×10^{12}$/L以下，且90%以上为成红细胞。剖检常见肝、肾、脾肿大、柔软，呈樱桃红或暗红色，骨髓色淡红，呈胶样。组织上可见骨髓血窦、肝脏等脏器血窦和毛细血管中有成红细胞积聚（图6-41至图6-43）。

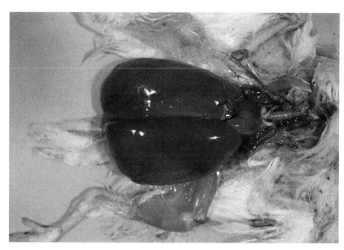

图6-41　禽成红细胞性白血病

    患鸡肝脏高度肿大，呈樱桃红色，质地软脆。　　　　（Randall CJ）

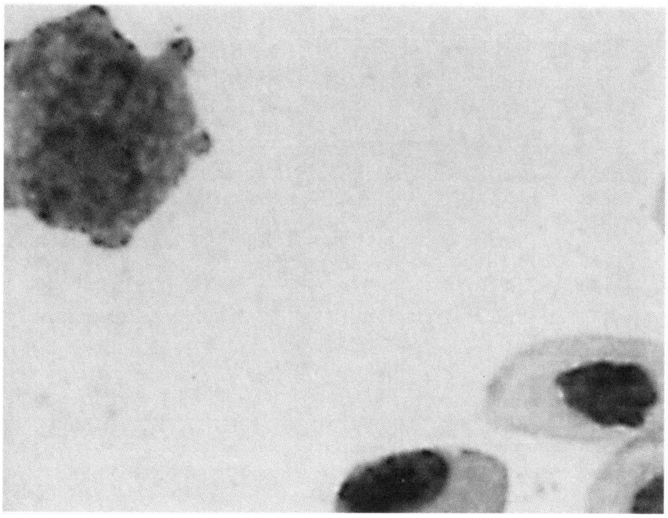

图6-42　禽成红细胞性白血病

    本图左上方有一个肿瘤性成红细胞（原红细胞）。细胞较大，形圆或近圆，细胞边缘常有短小而不规则的伪足，胞浆丰富，嗜碱性，核大而圆，核内有纤细的染色质和1～3个核仁，核周围常有空泡。血液涂片，瑞氏染色×2 000　　　　（赵振华）

图6-43　禽成红细胞性白血病

    本图中可见3个成红细胞，其形态同图6-42成红细胞。骨髓涂片，瑞氏染色×2 000　　　　（赵振华）

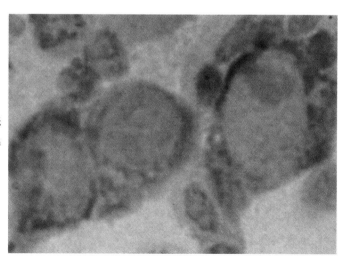

六、禽成髓细胞性白血病
（Avian myeloblastosis）

本病是由病毒主要侵害成髓细胞（骨髓原始粒细胞）所致。临诊主要表现贫血、消瘦、脱水、腹水和毛囊出血等症状。外周血原粒红细胞高达1.0×10^{12}/L，占全部血细胞的75%。早幼与中幼粒细胞（前髓与髓细胞）也常见。细胞因含颗粒而易于辨认。剖检见肝、脾、肾等肿大，质软，或有灰白色肿瘤结节。组织上血管内外均见肿瘤性成髓细胞（原粒细胞）。原粒细胞较大，但略小于成红细胞，其表面光滑，胞浆微嗜碱性，核大，核仁多，可见核分裂象（图6-44至图6-47）。

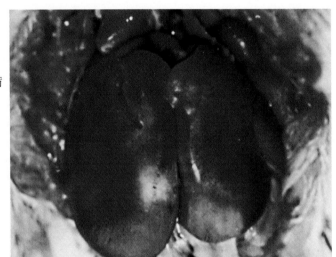

图6-44 禽成髓细胞性白血病
肝脏高度肿大，易碎（实验死亡病例）。 （程子强）

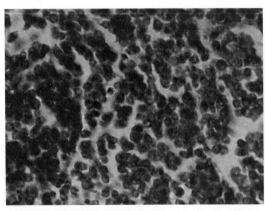

图6-45 禽成髓细胞性白血病
肝脏小血管内和间质中有大量肿瘤性成髓细胞（原粒细胞），肝细胞萎缩、坏死、消失（实验死亡病例）。HE×300 （程子强）

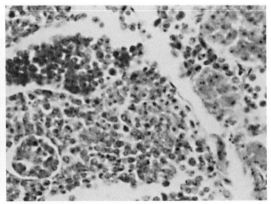

图6-46 禽成髓细胞性白血病
肾脏间质中有大量肿瘤性成髓细胞（原粒细胞）浸润（实验病例）。HE×300 （程子强）

图6-47　禽成髓细胞性白血病

图左下角为一肿瘤性原粒细胞，右下方为一早幼粒细胞，其胞浆中有异嗜性颗粒，两者之间为一有突起的原红细胞。原粒细胞形圆或椭圆，核大形圆，位于细胞中央，有1～4个核仁，胞浆微嗜碱性，在胞浆和胞核中常有一些大小不等的空泡。早幼粒细胞形圆，核位于细胞中央或偏位，形圆或椭圆，核仁不大明显，胞浆中有大小不等的嗜碱性和嗜酸性圆形颗粒。骨髓涂片，瑞氏染色×2 000

（王金玲）

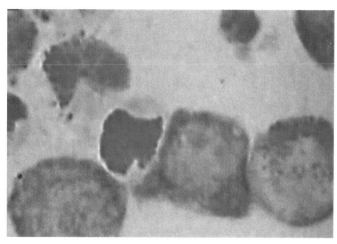

七、禽髓细胞性白血病
（Avian myeloid leukosis）

禽髓细胞性白血病即J型白血病或髓细胞瘤病，是由禽白血病/肉瘤群病毒中的J亚型病毒引起的，主要感染肉用鸡，自然病例主要见于未成年鸡，潜伏期长，病程一般也长。临诊症状与淋巴白血病相似。本病的病理特征为肝、脾显著肿大，色淡，或其表面有数量不等的灰白色肿瘤结节，胸骨或肋骨表面有肿瘤形成。组织上肿瘤由较大的圆形髓样细胞组成，有些髓样细胞中可见红色嗜酸性或紫色嗜碱性颗粒（图6-48至图6-58）。

图6-48　禽髓细胞性白血病

肝脏肿大，密布细小的灰白色肿瘤结节。

（杜元钊）

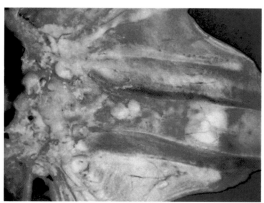

图6-49　禽髓细胞性白血病

胸骨表面见多个灰白色肿瘤结节。　　（杜元钊）

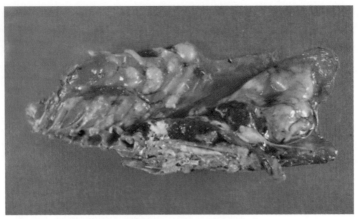

图6-50　禽髓细胞性白血病

在患鸡的胸骨和肋骨内面可见多个灰白色髓细胞肿瘤结节。

(Randall CJ)

图6-51　禽髓细胞性白血病

睾丸高度肿大，呈乳白色，并有一些结节状病变。　　　　　　　　（王金玲）

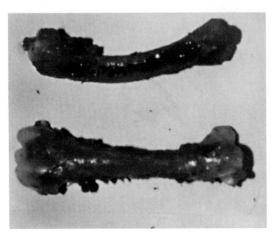

图6-52　禽髓细胞性白血病

在股骨（上）骨髓腔纵断面上，可见红髓区扩大，呈不均匀的紫红色。　　　　（王金玲）

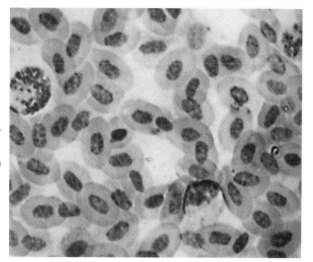

图6-53　禽髓细胞性白血病

　　血液涂片中的髓细胞样瘤细胞（左上），细胞浆中有明显的嗜酸性颗粒。HE×1 000

（顾玉芳）

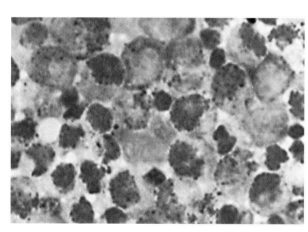

图6-54　禽髓细胞性白血病

　　骨髓涂片中可见大量髓细胞样瘤细胞，细胞浆中有许多嗜酸性颗粒。HE×1 000

（顾玉芳）

图6-55　禽髓细胞性白血病

　　肉鸡自发病例：肝窦中充满髓细胞样瘤细胞，肝细胞索被肿瘤细胞挤压而萎缩，失去正常结构，多数肿瘤细胞胞浆中可见红色嗜酸性颗粒。HE×400

（李成，崔治中. 禽病诊治彩色图谱. 北京：中国农业出版社，2003）

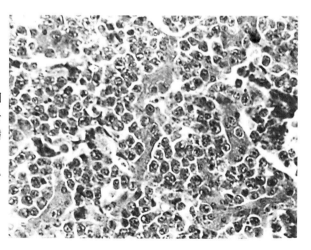

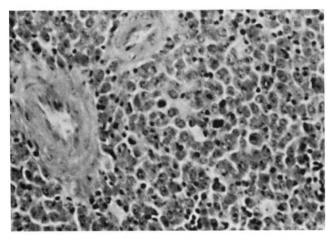

图6-56　禽髓细胞性白血病
　　脾小动脉周围有大量髓细胞样瘤细胞。
HE×400　　　　　　　　　　（王金铃）

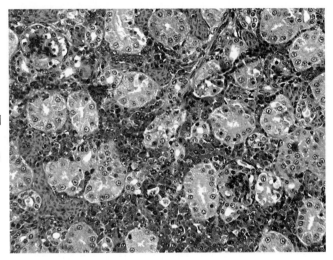

图6-57　禽髓细胞性白血病
　　肾小管之间有大量瘤细胞浸润，瘤细
胞浆中见明显的嗜酸性颗粒。HE×400
　　　　　　　　　（彭西，崔恒敏）

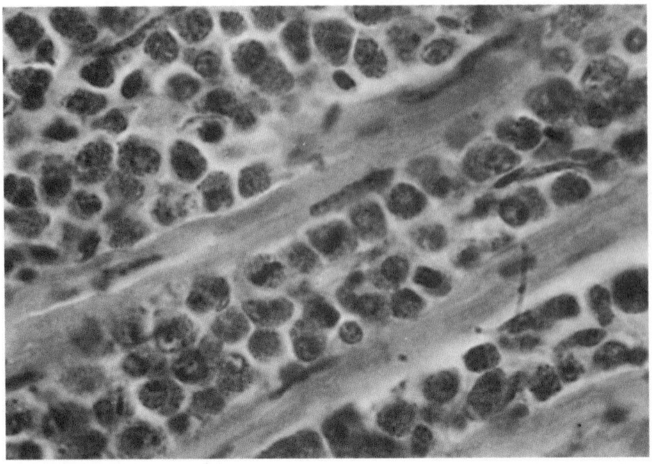

图6-58　禽髓细胞性白血病
　　骨骼肌中有大量髓细胞样瘤细胞浸
润，细胞浆中含有明显的嗜酸性颗粒。
　　　　　　　　　　（Randall CJ）

八、禽骨石化病
（Avian osteopetrosis）

骨石化病是由病毒主要作用于长骨所引起的骨肿瘤性疾病。常发于8～12周龄的鸡，公鸡较母鸡多患病，主要表现为长骨（跖骨和胫骨）增粗肿大，组织病变为骨膜增生，骨膜下成骨细胞增生，其细胞嗜碱性深染，破骨细胞也增加，新生的纤维性骨呈嗜碱性着染，骨间隙扩大、不规则（图6-59至图6-61）。

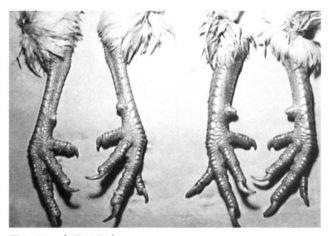

图6-59　禽骨石化病

患鸡跖骨明显增粗（右），左侧为正常对照。

（吕荣修. 禽病诊断彩色图谱. 北京：中国农业大学出版社，2004）

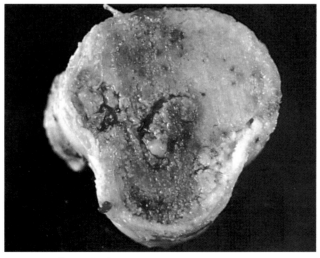

图6-60　禽骨石化病

在患鸡跖骨的横断面上，可见皮质骨厚度明显增加。

（Randall CJ）

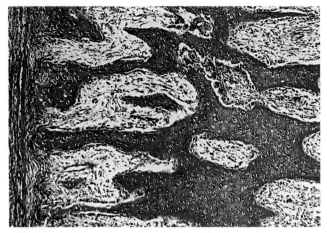

图6-61　禽骨石化病

　　骨外膜异常造骨，致成骨细胞和纤维性软骨大量增生而形成不规则的骨小梁，故使管状骨增粗。

　　（吕荣修. 禽病诊断彩色图谱. 北京：中国农业大学出版社，2004）

九、禽肾胚细胞瘤
（Avian nephroblastoma）

　　肾胚细胞瘤是病毒作用于肾胚组织所引起的恶性肿瘤，多发生于2～6月龄的幼鸡。眼观肾脏出现肿瘤结节或大瘤团。组织上肾实质为原始的肾小球、肾小管或角化上皮，间质为幼稚的卵圆形或梭形细胞（图6-62、图6-63）。

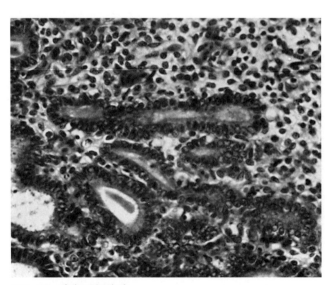

图6-62　禽肾胚细胞瘤

　　本图显示一些原始的肾小管结构，附近为大量未分化的椭圆形和梭形细胞。

（Randall CJ）

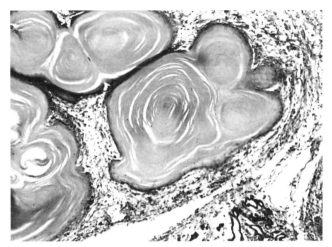

图6-63　禽肾胚细胞瘤

　　肾胚细胞瘤的角质形成很常见。这种病变的大块螺环状角质由一层上皮细胞所包裹。

(Randall CJ)

十、禽血管瘤病
（Avian hemangiomatosis）

　　血管瘤病是由病毒引起的，多数发生于120～135日龄的鸡群。其病理特征为，在皮下，肝、肾、肺、输卵管、肠管、肌肉等部位，形成直径1～10mm的血管瘤。有时血管瘤可自行破裂而出血不止（图6-64至图6-67）。

图6-64　禽血管瘤病

　　病鸡趾部的血管瘤，其中有的已经自行破溃。

（王新华，王方）

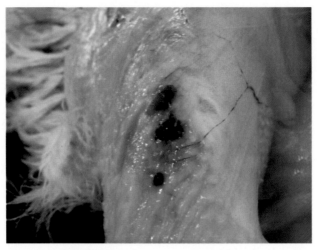

图6-65　禽血管瘤病

颈部皮下有3个大小不等的血管瘤。

（王新华，王方）

图6-66　禽血管瘤病

肺部有许多大小不等的片状、斑点状血管瘤。　（王新华，王方）

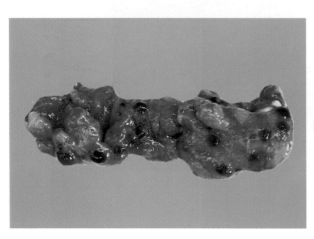

图6-67　禽血管瘤病

肾脏中有一些圆形血管瘤。

（王新华，王方）

十一、火鸡淋巴细胞增生病
（Lymphoproliferative disease of turkeys）

这是火鸡的一种由病毒引起的肿瘤病，其特征为肝、脾、心等脏器的肿瘤性淋巴样细胞增生浸润（图6-68至图6-71）。

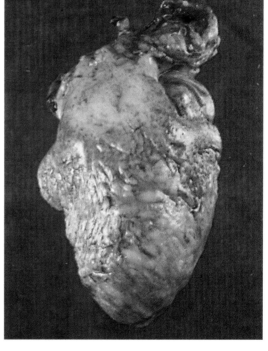

图6-68　火鸡淋巴细胞增生病
15周龄火鸡肝脏高度肿大，有大小不等的灰白色肿瘤病灶。此外，脾脏也肿大。　　　（Randall CJ）

图6-69　火鸡淋巴细胞增生病
心脏可见弥漫性肿瘤生长。　　（Randall CJ）

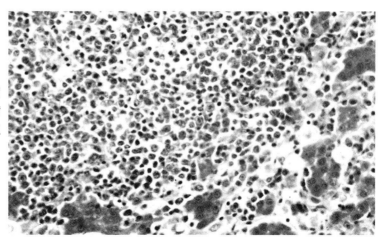

图6-70　火鸡淋巴细胞增生病
肝脏组织切片可见，本病的肿瘤由多形性淋巴样细胞组成。　　　（Randall　CJ）

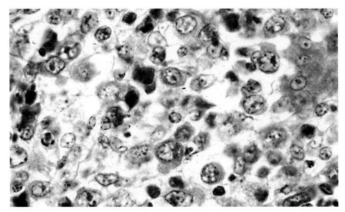

图6-71　火鸡淋巴细胞增生病

图6-70病变的局部放大，肿瘤细胞大小不等、形状不同，可见核分裂象。　　　　　　　　　　　　　　　　　　　(Randall CJ)

十二、禽网状内皮组织增生病
（Reticuloendothelinsis）

本病是由网状内皮组织增生病病毒(REV)引起禽的一类疾病的总称。本病病毒与禽白血病病毒相似，但不同的是其类核体具有链状或假螺旋状结构。本病毒分为复制缺陷型和非复制缺陷型，前者的原形病毒称为T株，可引起火鸡等禽类急性致死性网状细胞瘤，临诊无症状而迅速死亡，病死率100%。非复制缺陷型的一些毒株引起矮小综合征和慢性肿瘤。矮小综合征表现为发育迟缓，消瘦，贫血，羽毛粗乱、稀少。慢性肿瘤的发生一般缓慢。本病的病理特征为，急性网状细胞瘤：肝、脾、心、肾、性腺等器官肿大或有肿瘤结节形成。矮小综合征：生长抑制，胸腺和法氏囊萎缩，外周神经肿大，羽毛发育异常，肠炎，肝、脾坏死；慢性肿瘤：肝、脾等内脏器官中有缓慢形成的肿瘤结节。组织上肿瘤是由大量增生的肿瘤性空泡状网状内皮细胞组成（图6-72至图6-78）。

图6-72　鸡胚成纤维细胞胞浆中的病毒粒子

电镜下，在感染马立克病毒鸡胚成纤维细胞胞浆中发现的禽网状内皮组织增生病病毒粒子（↓）。

（李成，崔治中.禽病诊治彩色图谱.北京：中国农业出版社，2003）

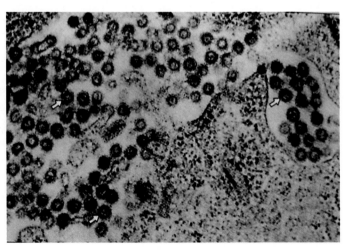

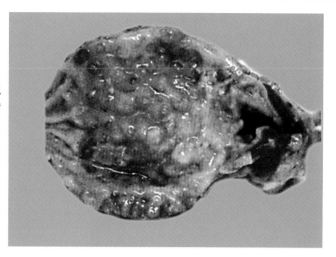

图6-73　禽网状内皮组织增生病

1日龄SPF鸡人工感染网状内皮组织增生病病毒（REV）＋禽J型白血病病毒（ALV-J）1月后死亡鸡，腺胃肿大，胃壁增厚，乳头有环状出血。

（李成，崔治中.禽病诊治彩色图谱.北京：中国农业出版社，2003）

图6-74　禽网状内皮组织增生病

病鸡肝脏中有数个大小不等的肿瘤结节，呈纽扣状，界限明显。

（杜元钊等.禽病诊断与防治图谱.济南：济南出版社，2005）

图6-75　禽网状内皮组织增生病

1日龄SPF鸡人工感染网状内皮组织增生病病毒（REV）＋禽J型白血病病毒（ALV-J）即R＋J组1月后扑杀：法氏囊和脾脏显著小于ALV-J单感染（J）和对照组（C），每组各监测6只鸡。

（李成，崔治中等.禽病诊治彩色图谱.北京：中国农业出版社，2003）

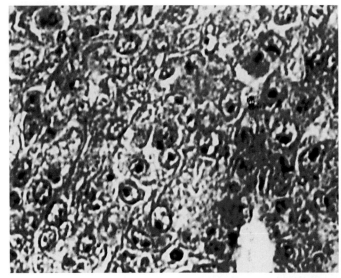

图6-76　禽网状内皮组织增生病

　　肝小叶间充满许多呈泡状的网状内皮细胞。

　　(郑明球等.动物传染病诊治彩色图谱.北京:中国农业出版社,2002)

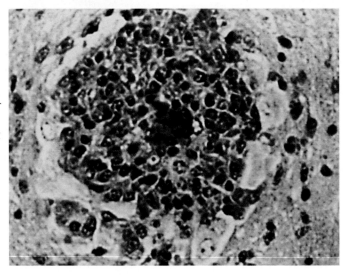

图6-77　禽网状内皮组织增生病

　　大脑中网状内皮细胞增生并形成血管套。

　　(郑明球等.动物传染病诊治彩色图谱.北京:中国农业出版社,2002)

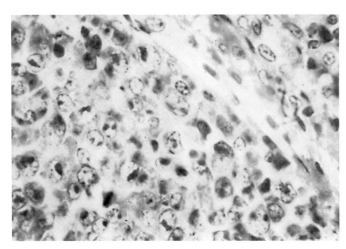

图6-78　禽网状内皮组织增生病

　　网状内皮组织增生病病毒(REV)实验感染火鸡,其病变呈灶状和扩张性生长。图中可见原始的成淋巴细胞群,即增生的泡状网状内皮细胞。

　　(Randall CJ)

十三、鸡马立克病

（Marek's disease）

　　马立克病是由马立克病病毒引起的一种重要的传染性肿瘤病，其特征为外周神经和各内脏器官有多形态的肿瘤细胞增生。本病常发生于2～5月龄的鸡，病鸡表现精神沉郁，食欲减退，肢体麻痹或瘫痪，眼睛失明等。根据病理特点本病分为神经型、内脏型、眼型和皮肤型。神经型（慢性型）：外周神经呈弥漫性或局部性肿大。内脏型（急性型）：内脏器官有大小不等的肿瘤结节。皮肤型：皮肤与毛囊形成大小不等的肿瘤结节。眼型：瞳孔缩小，边缘不整，虹膜呈蓝灰色。肿瘤组织是由大、中、小不等的淋巴细胞、浆细胞、组织细胞及马立克病细胞（变性的成淋巴细胞）等多形态的肿瘤细胞组成（图6-79至图6-95）。

图6-79　鸡马立克病

　　神经型：病鸡一肢麻痹而呈劈叉姿势。　　　　　　　　（王新华）

图6-80　鸡马立克病

　　神经型：左侧腰荐神经丛肿大。

　　　　　　　　　　（王新华）

图6-81　鸡马立克病

　　内脏型：肝脏肿大，布满大小不等的肿瘤结节。　　　　（王新华）

图6-82　鸡马立克病

　　内脏型：脾脏肿大，并有多个巨大的肿瘤结节。　　　　（王新华）

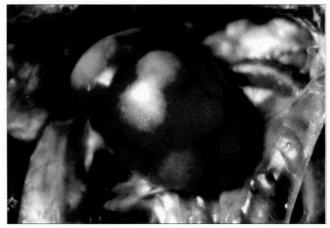

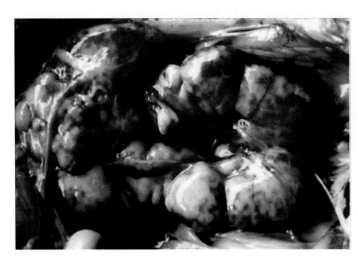

图6-83　鸡马立克病

　　内脏型：肾脏弥漫性肿大，呈不均匀的苍白色。　　　　（王新华）

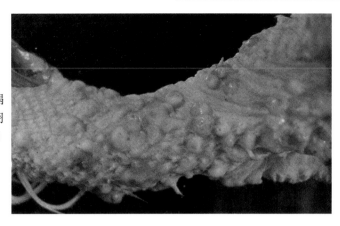

图6-84 鸡马立克病

皮肤型：很少发生，但肉鸡屠宰时偶尔皮肤可见肿瘤结节，结节最常位于羽毛囊的周围。

(Randall CJ)

图6-85 鸡马立克病

皮肤型：全身皮肤表面散在多个大小不一的灰白色肿瘤结节，有的结节融合变大。

（姚金水）

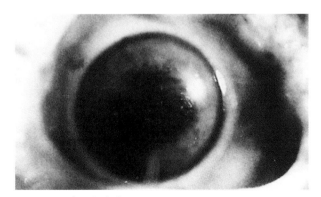

图6-86 鸡马立克病

眼型：虹膜颜色变淡，呈灰黄色，瞳孔缩小，其边缘不整齐。

（张旭静）

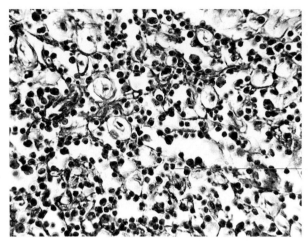

图6-87　鸡马立克病

神经型：坐骨神经(横切)组织中有大量多形态的肿瘤细胞浸润，神经纤维大多已脱髓鞘并坏死，仅存少量横切的神经纤维。HEA×400　　　　　　　　　(陈怀涛)

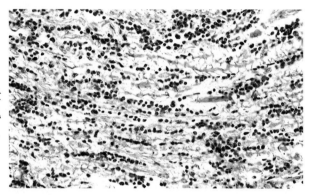

图6-88　鸡马立克病

神经型：坐骨神经(纵切)组织中有大量多形态的肿瘤细胞浸润，神经纤维大多已脱髓鞘并坏死，仅存少数纵向的神经纤维。HEA×400　　　　　　　　　(陈怀涛)

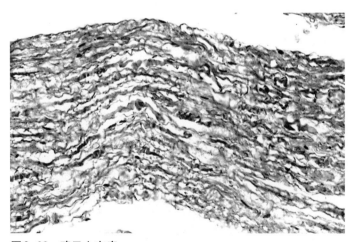

图6-89　鸡马立克病

神经型：坐骨神经(纵切)水肿，结构疏松，神经纤维轴索肿胀，粗细不均，未见瘤细胞浸润。HE×100　　　　　　　　(陈怀涛)

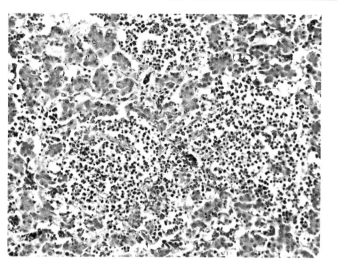

图6-90 鸡马立克病

内脏型：肝组织中的肿瘤细胞灶，局部肝细胞坏死、消失。HEA×400

（陈怀涛）

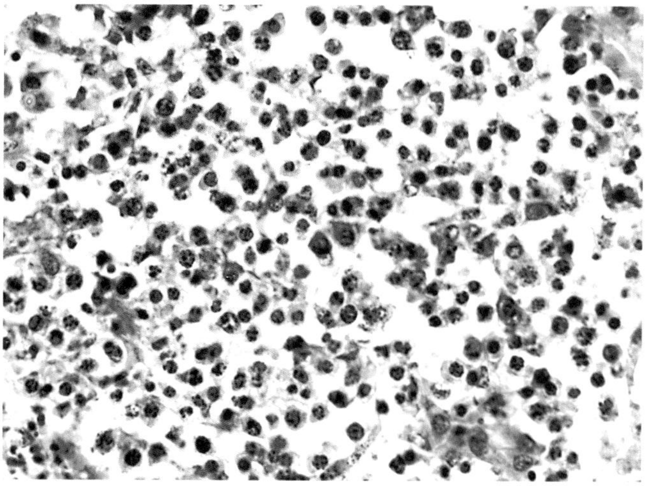

图6-91 鸡马立克病

内脏型：肝肿瘤结节中为多形态、大小不等的瘤细胞，肝细胞发生坏死。HE×1 000 （陈怀涛）

图6-92 鸡马立克病

肿瘤细胞的形态：肿瘤细胞呈明显的多形性，大小不等，可见核分裂象。HE×1 000 （陈怀涛）

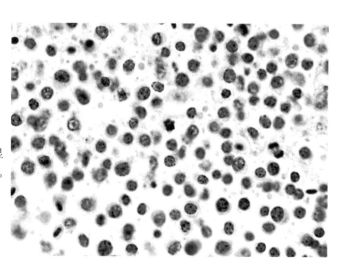

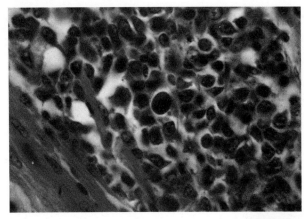

图6-93　鸡马立克病

　　马立克病的骨骼肌。可见多形态的肿瘤细胞。在图的中心有一个深染的大细胞，即所谓马立克病细胞，这可能是一个变性的成淋巴细胞。这种细胞在诊断上是有用的，但比较少见，外周神经的A型病变也是由增生的混合性淋巴样细胞组成的。

(Randall CJ)

图6-94　鸡马立克病

　　这张自溶解的内脏肿瘤的切片上，在变性的肿瘤性淋巴样细胞中，可见到许多浓缩的细胞胞核。马立克病自溶解病变中核浓缩现象要比淋巴细胞性白血病更为常见。

(Randall CJ)

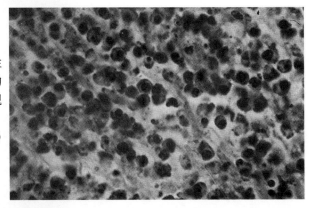

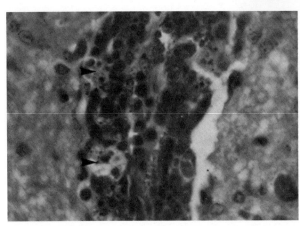

图6-95　鸡马立克病

　　病鸡脑血管周的管套病变是一过性麻痹的组织学特征。注意可见小囊样的核破碎病灶（▲）。

(Randall CJ)

第七章 泌尿系统

（Chapter 7：The Urinary System）

泌尿系统的肿瘤主要发生于肾脏、膀胱与尿道。肾胚瘤是肾脏较常见的肿瘤，多发生于幼龄猪、兔、鸡等，发源于胚胎性肾组织。肾脏也可见到肾腺瘤和肾细胞癌。膀胱的肿瘤在牛发生较多，一般与长期食入蕨类植物有关，肿瘤的组织学类型复杂，除上皮性肿瘤外还有非上皮性的。尿道、输尿管的肿瘤很少见。

1．**膀胱乳头状瘤**（papilloma of bladder）

这是牛、犬膀胱与尿道的重要肿瘤，其他动物少见，肿瘤起源于膀胱黏膜，单发或多发，瘤体直径通常小于1cm，多呈带蒂的蕈状结节（图7-1至图7-4）。

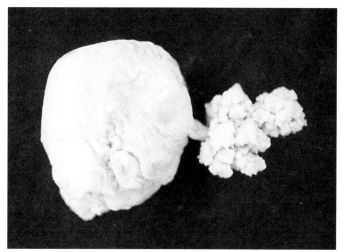

图7-1 膀胱乳头状瘤

膀胱（黏膜已被翻出）乳头状瘤，呈花椰菜状，以蒂与膀胱黏膜相连。

（中国农业科学院兰州兽医研究所）

图7-2 膀胱乳头状瘤

膀胱（黏膜已被翻出）壁内长出成丛的指状、息肉状和绒毛状瘤体，有些瘤体内有出血斑。 （陈可毅）

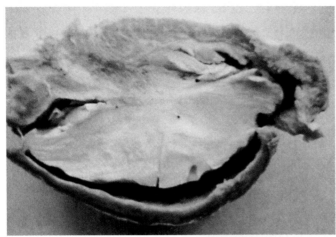

图7-3　膀胱乳头状瘤

　　图7-2膀胱与肿瘤的剖面。膀胱体部的巨大瘤体长入并几乎填塞整个膀胱腔，瘤体为灰白色致密的鱼肉状结构。　　　　　　　　（陈可毅）

图7-4　膀胱乳头状瘤

　　牛膀胱绒毛状乳头状瘤：膀胱黏膜上皮呈乳头状向膀胱内连续性分支生长，突起中有少量结缔组织。HE×100　　　　　　（许乐仁）

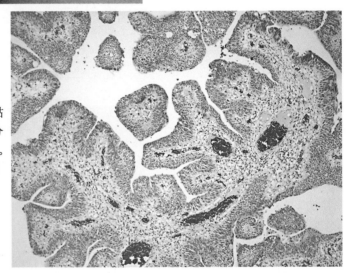

　　2．膀胱变移细胞癌（transitional cell carcinoma of bladder）

　　此瘤多发于牛、犬，起源于膀胱的黏膜上皮，生长较快，表面常有出血。癌组织侵犯广泛，形态类型多样（图7-5至图7-8）。变移细胞癌偶见于尿道、肾盂和输尿管。

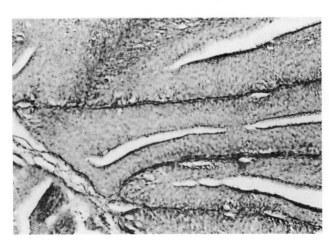

图7-5　膀胱变移细胞癌

　　牛蕨中毒。膀胱变移上皮细胞形成多发性乳头状突起，突起基底部为结缔组织。HE×200　　　　　　（许乐仁）

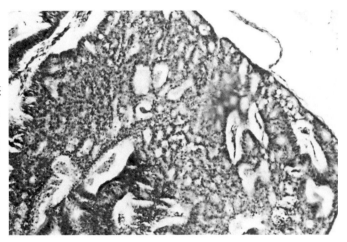

图7-6 膀胱变移细胞癌

牛蒡中毒。膀胱变移上皮细胞呈恶性增生，形成大小不等的腺样结构，癌细胞异型性大，深染。HE×200

(许乐仁)

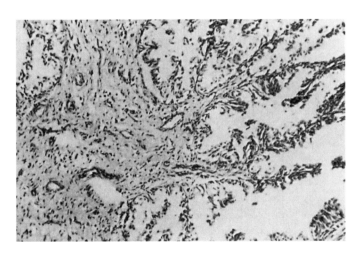

图7-7 膀胱变移细胞癌

牛蒡中毒。膀胱变移上皮囊腺癌：癌上皮细胞形成不规则的腺泡，腺泡上皮增生形成突起，伸向腺泡腔。HE×80 　　　　(许乐仁)

图7-8 膀胱变移细胞癌

瘤实质为玫瑰花样的上皮细胞小团块或明显的腺泡结构，或角化的棘细胞，在后种情况下与鳞状细胞癌不能区别。瘤间质为致密的结缔组织。

(Bostock DE 等)

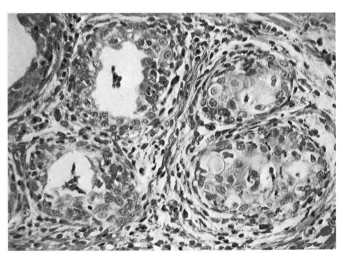

3. 膀胱海绵状血管瘤（cavernous hemangioma of bladder）

膀胱海绵状血管瘤见图7-9、图7-10。

图7-9　膀胱海绵状血管瘤

牛蕨中毒。膀胱黏膜表面见大量粟粒至黄豆大的红色肿瘤结节，有的似血肿，此外尚见黏膜点状出血。

（张旭静.动物病理学检验彩色图谱.北京：中国农业出版社，2003）

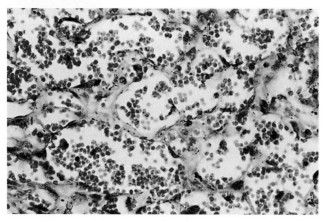

图7-10　膀胱海绵状血管瘤

牛蕨中毒。瘤组织由扩张的毛细血管组成，血管中充满红细胞。HE×400

（许乐仁）

4. 尿道乳头状瘤（papilloma of urethra）

尿道乳头状瘤见图7-11。

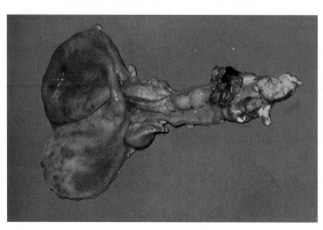

图7-11　尿道乳头状瘤

犬尿道变移细胞乳头状瘤，呈多发性结节状，由于尿滞留而致明显的膀胱炎和出血。　　　　（Bostock DE 等）

5．肾腺癌 （nephradenocarcinoma）

肾腺癌又称肾细胞癌（renal cell carcinoma），在老龄犬和牛较多发生，马、绵羊、猪也有报告。肿瘤多单发，呈结节状，常位于肾前端，大小不一，切面灰白或灰黄，可发生出血与坏死。组织上可分为乳头状癌、小管癌和透明细胞癌。肿瘤可向肾门淋巴结、远方淋巴结、肺等器官转移（图7-12）。

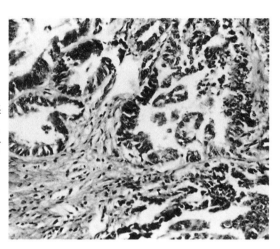

图7-12　肾腺癌

　癌细胞排列成不规则的腺管或堆集成团，有的腺管上皮向管腔形成突起，瘤细胞呈立方状或柱状，胞浆较多，微嗜碱性，核多深染，其界限不清，可见核分裂象。HE×140　　　　　　（张旭静）

6．肾胚细胞瘤 （nephroblastoma）

肾胚细胞瘤（图7-13、图7-14）简称肾胚瘤，又称成肾细胞瘤，是幼龄动物的一种较常见的肾肿瘤，最多见于猪、鸡、兔，牛、犬、马、绵羊、山羊、猫，甚至有些鱼也可发生。肾胚瘤具有原始阶段胚胎肾不完全分化的某些特征。组织上可见低分化的上皮性结构和不同的间叶成分，如纤维、黏液、脂肪、肌肉、软骨及骨样组织。肿瘤中会有上皮细胞、肿瘤性小管、胚胎性肾小球结构以及少量纤维瘤样组织。

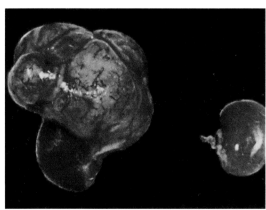

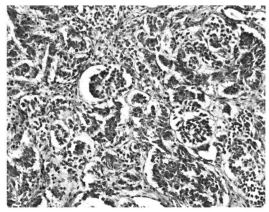

图7-13　肾胚细胞瘤

　兔肾脏前端有一较大肿瘤形成，右侧为大小正常的对照肾脏。　　　　　　　　（丁良骐）

图7-14　肾胚细胞瘤

　瘤组织主要由肾小球和肾小管样结构的低分化瘤细胞构成，瘤细胞间为不多的纤维瘤样组织。

HE×400　　　　　　　　　　　（陈怀涛）

第八章 生殖系统

（Chapter 8：The Genital System）

一、雄性生殖器官
（The male genital organs）

1. 精原细胞瘤（seminoma）

精原细胞瘤又称生殖细胞癌（germinocarcinoma）或精原细胞癌，是由睾丸原始生殖细胞演变而来的恶性程度较小的肿瘤。本肿瘤为常见的睾丸肿瘤，犬较多发生，马属动物、牛、羊、鸡也可发生。肿瘤发生于单侧或双侧，睾丸肿大。瘤体多为结节状，常被结缔组织分为小叶，有包膜，质地实在，切面灰白或灰红，偶见出血、坏死。组织上分化程度不一，多数肿瘤为分化较好的典型精原细胞瘤，瘤细胞异型性小，有淋巴细胞浸润（图8-1至图8-4）。

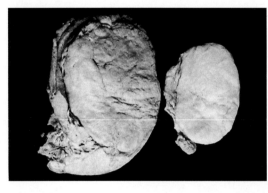

图8-1 精原细胞瘤
左：牛精原细胞瘤，患瘤的睾丸高度肿大，质地坚实，切面色黄白，见出血和坏死灶；右：正常大小的睾丸。
（薛登民）

图8-2 精原细胞瘤
驴精原细胞瘤：睾丸因瘤组织大量增生而显著肿大，质地坚实。
（陈怀涛）

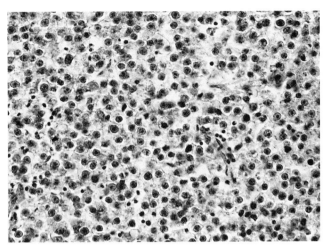

图8-3　精原细胞瘤

　　牛精原细胞瘤：瘤细胞呈多角形，胞浆淡染，核大而圆，核膜厚，可见分裂象，核仁明显，呈嗜酸性。间质中有较多淋巴细胞浸润，睾丸原有结构消失。HE×400　　　　（陈怀涛）

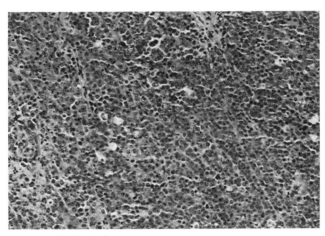

图8-4　精原细胞瘤

　　犬精原细胞瘤：正常睾丸曲细精管消失，全被同一形状的瘤细胞所取代。增生的瘤细胞很活跃，形圆或多角，核近似圆形，深染，胞浆较多，嗜伊红。细胞密布，恶性表现明显，分裂象普通。HE　　　　　　　　（Bostock DE 等）

　　2. 畸胎瘤（teratoma）

　　畸胎瘤是来源于胚胎组织的肿瘤，由多胚层组织构成，常表现成熟，偶见含一个胚层成分。畸胎瘤见于人、动物的睾丸、卵巢，偶见于其他部位。动物中最常见于1～5岁马的隐睾，犬、猫、牛、猪、禽比较少见，主要发生于成年或老年。组织上可见多种不同的成熟组织和胚胎性组织：成熟型畸胎瘤以动物多见，为良性，常具囊肿，其中几乎可见到和成年动物相同或相似的所有组织，如上皮、软骨、肌肉、毛发、牙齿、神经组织和腺体等；不成熟畸胎瘤多见于人，一般为恶性，常为实性（图8-5）。

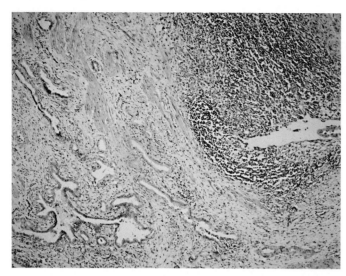

图8-5　畸胎瘤

睾丸畸胎瘤：肿瘤由腺泡、腺管、淋巴组织、平滑肌以及结缔组织等构成，腺泡、腺管衬以柱状上皮。HE×100

（甘肃农业大学兽医病理室）

3. 间质细胞腺瘤（interstitial adenoma）

间质细胞腺瘤即间质细胞瘤（interstitial cell tumour），也称莱迪希氏细胞瘤（Leydig's cell tumours），多见于老犬和牛，马和其他动物也可见到，但较少。睾丸多双侧受害，隐睾和显睾均可发生。但带瘤动物常无临诊症状。死后剖检发现的肿瘤，一般直径仅1～2cm，位于睾丸组织中，其界限清楚，切面突出，均质，呈淡红黄色。出现症状的大肿瘤，直径可达5～6cm，其中可见囊腔（图8-6、图8-7）。

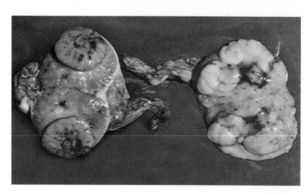

图8-6　间质细胞腺瘤

犬睾丸的两种肿瘤。左：间质细胞腺瘤，注意包囊明显，与周围组织界限清楚。右：支持细胞瘤。　　　　（Bostock DE 等）

图8-7　间质细胞腺瘤

瘤组织由大的上皮细胞构成，细胞呈多边形，轮廓清楚，核圆、深染，胞浆丰富，嗜伊红。这些瘤细胞组成实性细胞片、细胞索或小腺泡。上述瘤细胞常见于充血的腔隙外边，也可在小血管周围排成玫瑰花样。核分裂象少见。

（Bostock DE 等）

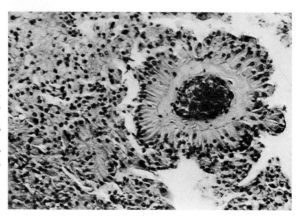

4．支持细胞瘤（sustentacular cell tumour）

支持细胞瘤也称塞尔托利氏细胞瘤（Sertoli's cell tumour）。这种瘤几乎全见于老犬或隐睾，临诊常有症状，右睾丸较左睾丸多发。一般瘤体生长缓慢，但无痛，无侵袭性的肿瘤可长得很大，切面色白，分为许多小叶（图8-8、图8-9）。

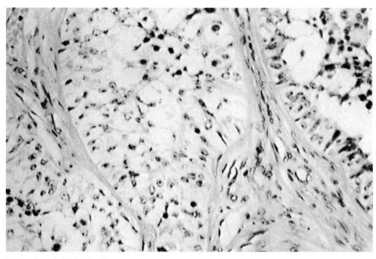

图8-8　支持细胞瘤

犬早期支持细胞瘤：在早期病例，曲细精管的大小比较正常，但精子发生过程停止，小管衬以定位明显的高柱状细胞，胞浆充满脂类的空泡，呈泡沫状，色淡染；胞核为卵圆形，呈泡状，染色明显。

（Bostock DE 等）

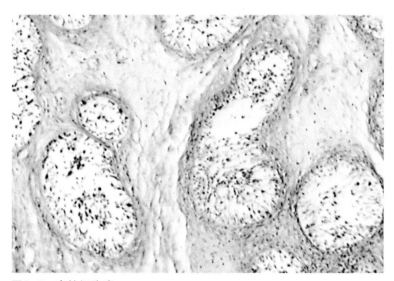

图8-9　支持细胞瘤

犬进展中的支持细胞瘤：间质胶原明显增多，许多小管萎缩、消失，所余小管扩张，衬以多层形状不规则的细胞。本图多数小管管腔很小，基层细胞仍保持其定位性，有明显的"栅栏状排列"的细胞核。可见核分裂象。

（Bostock DE 等）

二、雌性生殖器官
（The female genital organs）

1. 卵巢腺瘤 (ovarian adenoma)

卵巢腺瘤是由卵巢表面的上皮（间皮）和其下的间质演变而来的。卵巢腺瘤常表现为囊腺瘤 (cystadenoma)。卵巢囊腺瘤可分为浆液性囊腺瘤和黏液性囊腺瘤。在家畜主要是浆液性囊腺瘤，犬、猫都有发生，而黏液性囊腺瘤极为罕见。囊腺瘤由许多薄壁囊组成，内含清亮的浆液，囊壁可见突起，被覆分化较好的单层立方状、矮柱状或纤毛柱状上皮，无核分裂象。乳头状突起的轴心为纤维结缔组织（图8-10）。

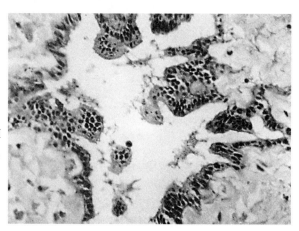

图8-10 卵巢腺瘤

牛卵巢囊腺瘤（浆液性囊腺瘤）：囊腔壁衬以单层柱状上皮，有乳头状突起形成。HE×400 　　　　　　　（刘宝岩等）

2. 卵巢腺癌 (ovarian adenocarcinoma)

卵巢腺癌是来源于卵巢表面上皮（间皮）的恶性肿瘤，常表现为腺癌。腺癌是卵巢较常见的肿瘤之一，在犬、牛、鸡都较普通，其他动物也可发生（图8-11）。

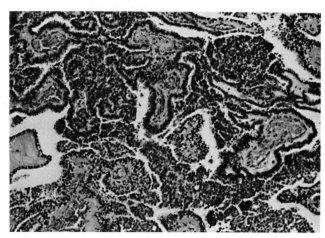

图8-11 卵巢腺癌

犬卵巢腺癌：癌组织是由大小不等、形状不规则的囊状腺泡构成的。腺泡衬以分化不好的上皮细胞。这些细胞可伸向小腺泡中生长，绕成小玫瑰花样。

（Bostock DE等）

3. 颗粒细胞瘤（granulosa cell tumour）

颗粒细胞瘤起源于性索，是各种家畜的常见肿瘤之一。肿瘤常发生于一侧，呈分叶块状，切面色黄白，常伴有囊肿、出血和坏死。组织上瘤细胞与正常颗粒细胞相似，细胞大小基本一致，胞浆淡染，细胞边界不清，核圆、卵圆或不规则，呈空泡状，核分裂象一般较少，常可见到核沟。瘤细胞呈滤泡状、条团状或弥漫性排列。瘤组织中常可见到支持细胞区或黄体化区（瘤细胞大，胞浆含类脂质），见图8-12至图8-14。

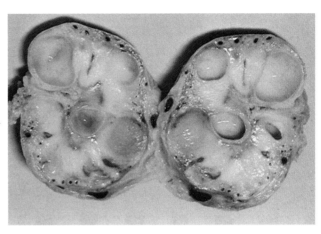

图8-12　颗粒细胞瘤

母马颗粒细胞瘤：瘤体呈硬实的球状团块，能移动，有包膜，分叶，切面因出血而呈斑驳状，并常含有大囊腔。

（Bostock DE 等）

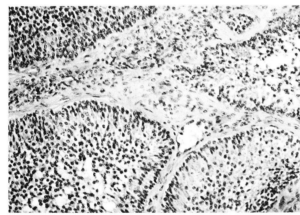

图8-13　颗粒细胞瘤

母马颗粒细胞瘤：肿瘤是由纤维组织分隔的大量细胞小叶组成。小叶外围细胞常呈放射状或栅栏状排列，而其他细胞则密集分布。在不少病例的小叶中心区，充满大量红细胞或粉红色液体。　（Bostock DE 等）

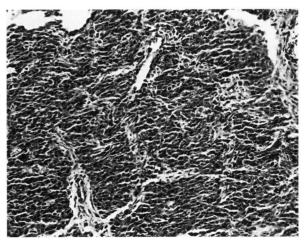

图8-14　颗粒细胞瘤

牛颗粒细胞瘤：散乱的瘤细胞积聚成小叶，与正常卵巢的颗粒细胞相似。小叶边缘仍可见放射状的瘤细胞。小叶间为少量结缔组织。　（甘肃农业大学兽医病理室）

4．卵泡膜瘤（thecoma，theca cell tumour）

这是卵巢比较普通的一种肿瘤，为良性，膨胀性生长，不转移，能产生雌激素，特别是母牛。肿瘤多发生于一侧卵巢，似囊肿外观，切面色灰白，散在黄色或橙色区。瘤组织常由淡染的多边形细胞构成（图8-15）。

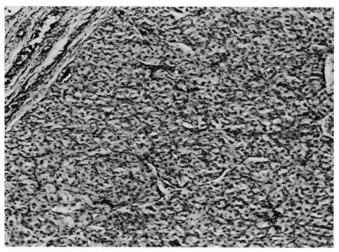

图8-15　卵泡膜瘤

　犬卵泡膜瘤：瘤组织由一片界限明显的大细胞构成，胞浆丰富，淡染，呈泡沫状；核呈圆球形，位于细胞中央。　（Bostock DE等）

5．黄体瘤（luteoma）

黄体瘤很少见，在母牛、母犬、母猪有报道。黄体瘤是来源于卵巢黄体细胞的肿瘤，位于卵巢皮质或髓质，呈结节状，大小不等，色棕黄或灰黄（图8-16）。

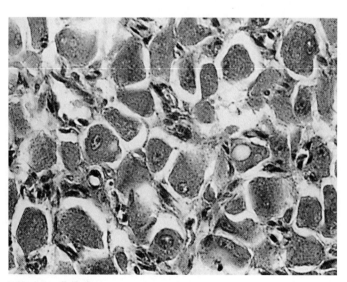

图8-16　黄体瘤

　瘤细胞与黄体细胞相似，呈多边形，胞浆丰富，充满微细脂滴，核仁明显。　（刘宝岩等）

6．畸胎瘤（teratoma）

畸胎瘤见图8-17。

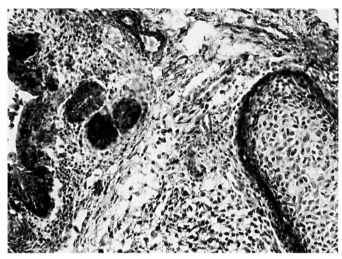

图8-17　畸胎瘤

卵巢畸胎瘤：内含多胚层组织，可见腺囊、腺泡样结构，也见结缔组织和软骨样组织等。HEA×400

（甘肃农业大学兽医病理室）

7．子宫腺瘤（adenoma of uteri）

子宫腺瘤是来源于子宫内膜腺体的一种良性肿瘤，少见，呈结节状或息肉样，单发或多发，突出于子宫黏膜表面。肿瘤中纤维组织多少不一，纤维组织多时，则称纤维腺瘤（图8-18）。

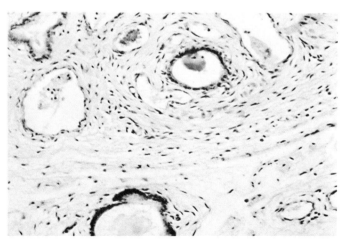

图8-18　子宫腺瘤

犬子宫腺瘤：肿瘤是由致密的结缔组织和分化良好的腺泡结构组成的。腺泡衬以单层上皮细胞，腺泡腔中常含有分泌物。

（Bostock DE等）

8．子宫腺癌（adenocarcinoma of uteri）

这是来源于子宫内膜腺体的一种恶性肿瘤，较多发生于6岁以上的母牛和母兔，肿瘤可转移。眼观肿瘤的形态表现为弥漫型（子宫壁弥漫增厚）、息肉型（子宫内膜表面有息肉状肿瘤生长）和局灶型（局部子宫黏膜增厚或形成结节）。癌变多发生于子宫角。瘤组织主要由分化不好的腺体结构组成，也会有多少不等的纤维组织（图8-19）。

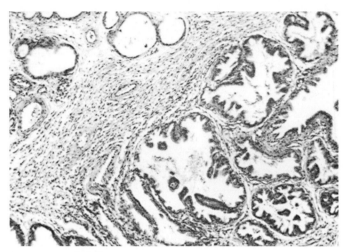

图8-19　子宫腺癌

犬子宫乳头状腺癌：肿瘤是由大量密集的、形状不规则的腺泡组成的。腺泡上皮形成乳头状突起伸向腺泡腔。HE

(Bostock DE 等)

9．母鸡生殖道腺癌（adenocarcinoma of the reproductive tract of the hen）

母鸡生殖道腺癌见图8-20至图8-22。

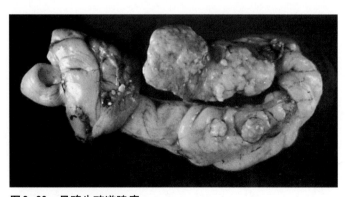

图8-20　母鸡生殖道腺癌

此癌起源于输卵管或卵巢。生殖道腺癌时输卵管主要受害，但卵巢的原发性病变也很普遍。肿瘤呈结节状，色白、质硬。本病多见于产蛋末期，致散发性死亡，但也偶呈暴发。

(Randall CJ)

图8-21　母鸡生殖道腺癌

　　这种癌瘤常向腹腔浆膜转移，尤其易侵犯胰脏、肠道和肠系膜。内脏上的转移瘤多呈圆球形。　　　　　　　　　（Randall CJ）

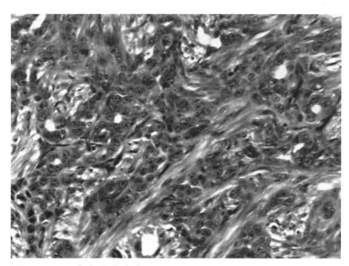

图8-22　母鸡生殖道腺癌

　　多数转移瘤因反应性结缔组织增生而变硬。此图可见在腺癌组织中有大量条索状结缔组织穿行。　　　　　　　　　（Randall CJ）

第九章 乳　　腺

（Chapter 9：The Mammary Glands）

1. 乳腺腺瘤（mammary adenoma）

乳腺腺瘤是乳腺分泌上皮的一种简单的小管型良性肿瘤，见于母犬、母猫，也见于母牛和其他动物（图9-1至图9-8）。

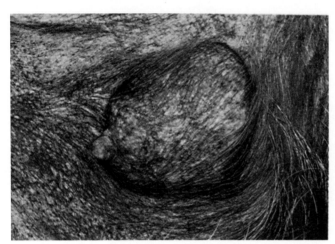

图9-1　乳腺腺瘤

犬混合性或复合性乳腺腺瘤（mixed or complex mammary adenoma）：这种良性瘤只见于犬，常发于中年或老年母犬，几个乳腺多同时受害。肿瘤大小不等，呈结节或团块状，质硬，界限明显，可移动，表面皮肤多不溃烂。生长缓慢，但有时（如发情期）可迅速增大。其切面色暗，可能有骨质，常含有半透明的带青色软骨片或充满液体的小囊腔。

(Bostock DE 等)

图9-2　乳腺腺瘤

犬混合性（复合性）乳腺腺瘤：肿瘤界限明显，由薄层纤维膜包裹。瘤组织包括上皮成分和间叶成分。上皮成分为衬以单层立方状上皮细胞的腺泡结构，其中常含有嗜伊红性分泌物。最普通的间叶成分为黏液组织。这种组织呈多角形细胞小灶，细胞以大量黏液基质彼此分开。间叶成分还包括软骨、骨及纤维组织，见于其他一些复合性乳腺腺瘤。

(Bostock DE 等)

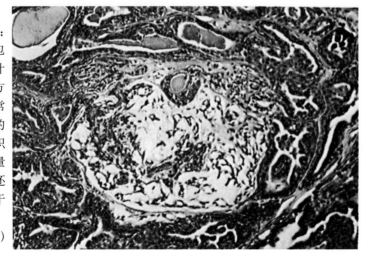

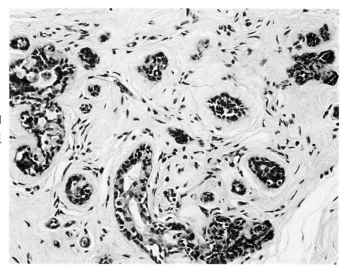

图9-3 乳腺腺瘤

肿瘤多由衬以单层上皮的小管和腺泡构成,小管周围环绕纤维结缔组织。HE×400　　　　(陈怀涛)

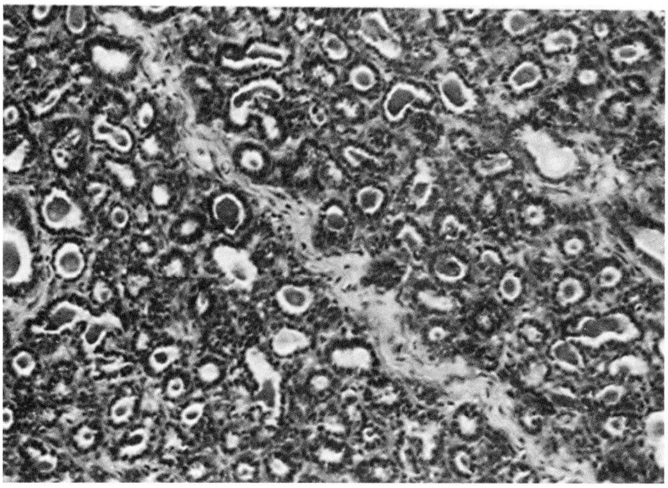

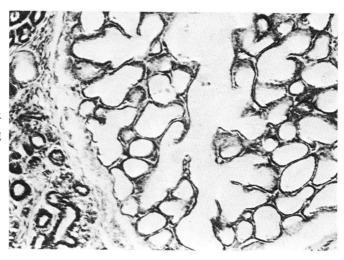

图9-4 乳腺腺瘤

犬乳腺腺瘤:肿瘤由积聚的形状较规则的腺泡组成。腺泡多衬以单层立方状上皮细胞,泡腔中常充满嗜伊红分泌物。HE　　　(Bostock DE 等)

图9-5 乳腺腺瘤

犬乳头状囊腺瘤:肿瘤由衬以扁平上皮细胞并充满液体的腺囊组成。HE

(Bostock DE 等)

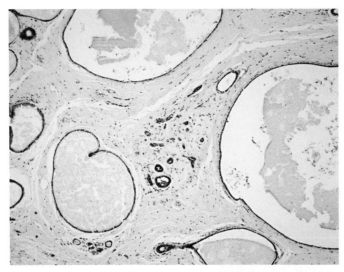

图9-6　乳腺腺瘤

围管型腺纤维瘤：腺管外围结缔组织异常增生，管腔内有较多分泌物。HE×40　　　　（陈怀涛）

图9-7　乳腺腺瘤

围管型腺纤维瘤：腺管外围结缔组织大量增生，腺管壁衬以单层柱状上皮，管腔内有一些分泌。HE×100

（陈怀涛）

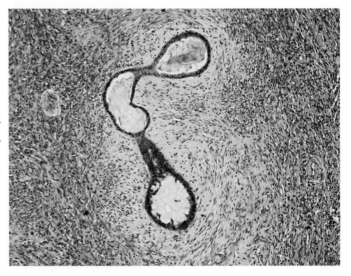

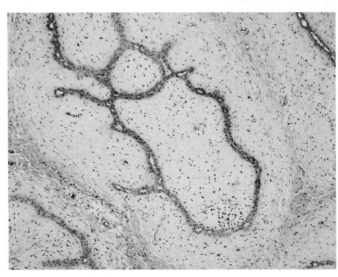

图9-8　腺纤维瘤

管内型腺纤维瘤：腺管外围结缔组织大量增生，并突入管腔内，腺腔壁由双层细胞组成。HE×100

（陈怀涛）

2．乳腺癌 (breast carcinoma，breast cancer，mammary cancer)

乳腺癌是来源于乳腺腺泡和导管上皮的恶性肿瘤，犬、猫、牛比较多见，其他动物罕见。瘤体形状多样，多无包膜，与周围正常组织界限不清。有的质软，有囊腔，有的质硬，色灰黄，有时伴有出血、坏死。乳腺癌生长快，易向淋巴结和肺转移。该种癌瘤的组织类型很复杂，可分为腺癌（小管性、乳头状囊肿性）、实性癌、梭形细胞癌、间变癌、鳞状细胞癌和黏液腺癌（图9-9至图9-15）。

图9-9　乳腺癌

犬乳腺癌：乳腺高度增大，切面可见乳腺组织被癌组织取代，并有明显的出血坏死和空洞形成。　　　　　　　　　　（周庆国）

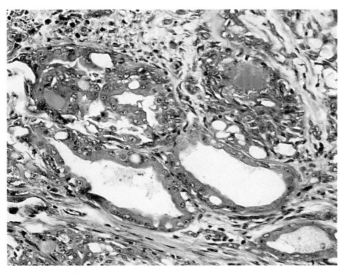

图9-10　乳腺癌

牛乳腺癌：癌组织主要由腺管、腺泡样结构组成，其上皮呈不规则生长，腺泡大小不一，瘤细胞大小不等。HEA×400

（陈怀涛）

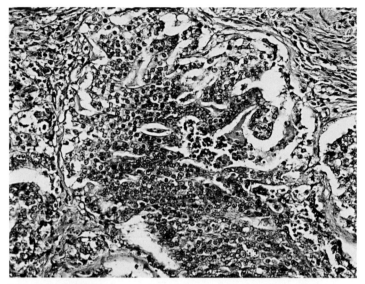

图9-11 乳腺癌

牛乳腺癌：癌组织中的肿瘤小管里，上皮细胞增生成许多乳头状，癌性上皮细胞分化程度低，核仁明显。HEA×400   （陈怀涛）

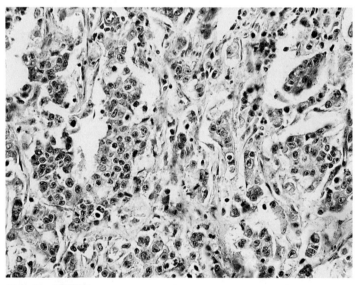

图9-12 乳腺癌

牛乳腺癌：癌细胞排列散乱，形成不规则的腺样结构或细胞团块与条索，癌细胞异型性大，核分裂象多见。HE×400   （陈怀涛）

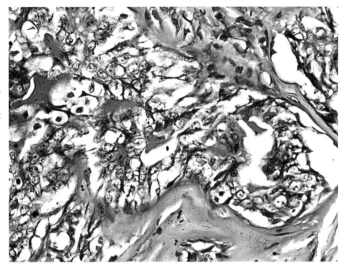

图9-13　乳腺癌

犬乳腺癌：肿瘤细胞组成不规则的腺泡，瘤细胞核大，呈泡状，核分裂象明显。HE×400

（彭西，崔恒敏）

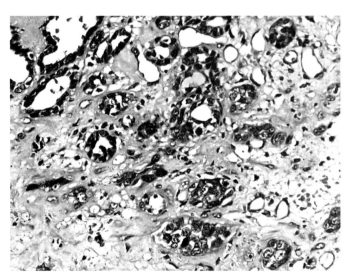

图9-14　乳腺癌

犬乳腺癌：肿瘤细胞组成大小不等的腺泡或细胞团块，细胞异型性较大。HE×400　　（彭西，崔恒敏）

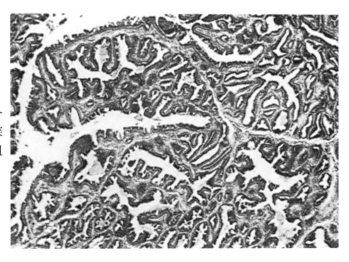

图9-15　乳腺癌

猫乳腺乳头状囊腺癌：肿瘤是由分支的乳头状突起构成的，突起衬以深染的上皮细胞，突起中为薄层结缔组织。HE　　　　　（Bostock DE 等）

第十章　神经系统

（Chapter 10：The Nervous System）

1. 室管膜瘤（ependymoma）

室管膜瘤的发生同室管膜（主要是脑侧室，而第三、第四脑室及脊髓中央管较少）有关。它们多是一些较大的、界限不明确的浸润性肿瘤，会引起广泛的组织坏死，切面色灰红或灰白。此种肿瘤可发生于马、牛、犬、猫等，但都比较少见（图10-1、图10-2）。

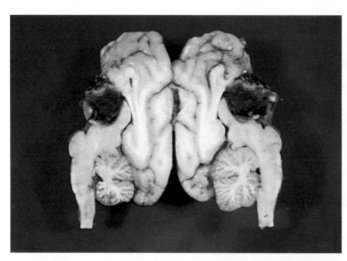

图10-1　室管膜瘤

犬丘脑部的室管膜瘤。在脑的正中矢状面上，可见一个切面呈暗褐色界限较明显的肿瘤。

（Bostock DE 等）

图10-2　室管膜瘤

犬室管膜瘤：肿瘤是由立方状细胞排列成大量玫瑰花样结构组成的。这些结构以裂隙为界，细胞核都靠近裂隙一侧。瘤组织中血管丰富，血管周围会出现无核区。HE

（Bostock DE 等）

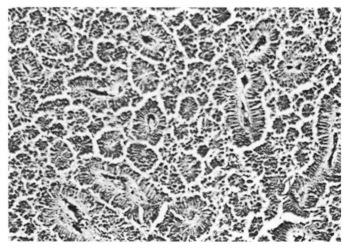

2. 胶质细胞瘤 (glioma)

（1）**星形胶质细胞瘤**（astrocytoma） 这是由星形胶质细胞发生的肿瘤，犬、猫和牛较为常见，虽可发生于中枢神经系统的任何部位，但较多见于犬的大脑半球（图10-3）。

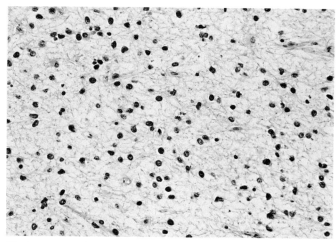

图10-3 星形胶质细胞瘤

　　犬大脑星形胶质细胞瘤：瘤细胞分化比较成熟，排列比较疏松，细胞体积小，胞核大，多呈圆形或椭圆形，染色深，胶质纤维丰富。HE×400 　　　　　　　　　　（甘肃农业大学兽医病理室）

（2）**少突胶质细胞瘤**（oligdendroglioma） 这是由少突胶质细胞发生的肿瘤，较常见于犬。多位于大脑半球的额叶和梨状叶，起源于白质（图10-4）。

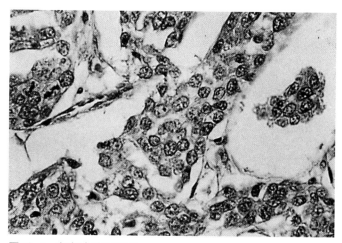

图10-4 少突胶质细胞瘤

　　犬大脑少突胶质细胞瘤：瘤细胞聚集成巢状，细胞大小基本一致，呈圆形或多角形，核圆深染，且排列密集，都有一个核周亮环，似蜂巢样结构。HE×400 　　　　　　　　　　（刘宝岩等）

3．神经鞘瘤（neurilemmoma）

　　神经鞘瘤即神经膜瘤，又称施万氏细胞瘤（Schwannoma），是由神经鞘（膜）细胞发生的良性肿瘤，见于牛、犬，也见于其他家畜，任何有神经膜细胞的外周神经、脑神经或交感神经均可发生。肿瘤呈单发或多发。组织上瘤细胞排列成相关的束状型（A型）（图10-5）和网状型（B型）。

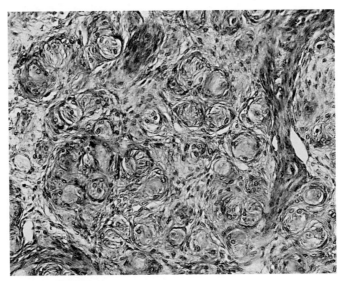

图10-5　神经鞘瘤
瘤性增生的施万氏细胞呈束状排列。HEA×400　　　（陈怀涛）

4．神经纤维瘤（neurofibroma）

　　神经纤维瘤是由神经束膜的结缔组织细胞发生的良性肿瘤，因此都含结缔组织成分，在瘤组织中，瘤细胞是以神经纤维或神经束为中心向外排列的，故会有一些主要为神经鞘瘤的区域，或主要像纤维瘤那样的成分。肿瘤可发生于脑神经、脊神经根、脊神经节以及外周神经和交感神经。较多见于牛、犬，也见于猫等动物（图10-6、图10-7）。

图10-6　神经纤维瘤
　　此图显示瘤细胞来源于神经束膜细胞。瘤细胞大量增生，相互交错排列，其中可见神经束穿过。HE×100　　　（陈怀涛）

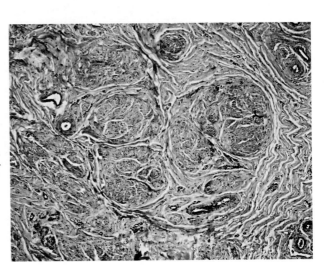

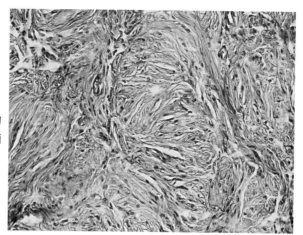

图10-7　神经纤维瘤

　　瘤细胞呈长梭形，和纤维细胞相似，积聚的瘤细胞呈束状相互交错排列，其中可见神经鞘瘤的区域。HEA×400　　　　　（陈怀涛）

5. 脑（脊）膜瘤（meningioma）

　　脑（脊）膜瘤见于马、牛、犬、猫、羊等动物，犬，特别是老龄英格兰柯利犬（Collies）与法国阿尔萨兴犬（Alsations）发生率较高。脑（脊）膜瘤也称蛛网膜纤维母细胞瘤，主要来源于蛛网膜，也可来源于硬脑膜内表面的蛛网膜细胞岛和软脑膜细胞。瘤体单发或多发，呈球形或斑块，色白，质硬，界限明显，有包膜，切面常见分叶，有纤维纹理。瘤细胞形态较多，以梭形为主（图10-8、图10-9）。

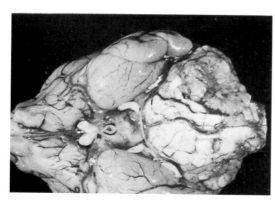

图10-8　脑膜瘤

　　犬小脑底部的脑膜瘤：肿瘤界限明显，呈灰白色分叶的斑块状。　　　　　（Bostock DE 等）

图10-9　脑膜瘤

　　犬脑膜瘤：瘤组织为大量的梭形细胞密集成束或螺环，细胞浆丰富，核狭长、卵圆或弯曲，染色质靠边。细胞间界限不清，好像合胞体构成的网。螺环中心的细胞会发生崩解、钙化。纤维较多的地方也会发生钙化。注意此图中有几个圆形小钙化灶。

　　（Bostock DE 等）

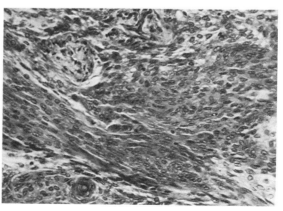

第十一章　内分泌腺

（Chapter 11：The Endocrine Glands）

1. 肾上腺皮质腺瘤（aderenal cortical adenoma）

这是起源于肾上腺皮质的一种良性肿瘤，主要见于牛和老龄犬。肿瘤大小不等，小者仅埋藏在肾上腺里，大者可突出于表面。瘤组织色淡黄，常发生钙盐沉积，较大者可见坏死和出血（图11-1、图11-2）。

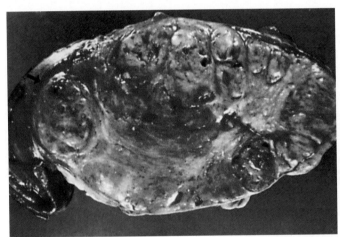

图11-1　肾上腺皮质腺瘤

牛肾上腺皮质腺瘤：肾上腺切面见大小不等的黄褐色瘤组织团块，团块周围有结缔组织增生，肿瘤团块中有囊泡形成和坏死，被膜的延伸部分可见呈板层状的肾上腺组织（↓），左侧为受压变形的肾上腺。

（张旭静.动物病理学检验彩色图谱.北京：中国农业出版社，2003）

图11-2　肾上腺皮质腺瘤

瘤细胞与肾上腺皮质部细胞类似，呈条索状或高柱状，胞浆丰富，淡染伊红，常排列成腺管样或团状，其间为血管与纤维。HE×200

（甘肃农业大学兽医病理室）

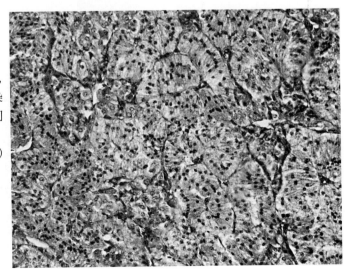

2．肾上腺皮质癌（aderenal cortical carcinoma）

这是发生于肾上腺皮质的恶性肿瘤，偶见于牛和老龄犬。患癌的肾上腺明显肿大，质脆，肿瘤常有囊肿、出血、坏死和钙盐沉着。瘤细胞易向周围组织和后腔静脉侵犯，并转移至其他脏器（图11-3）。

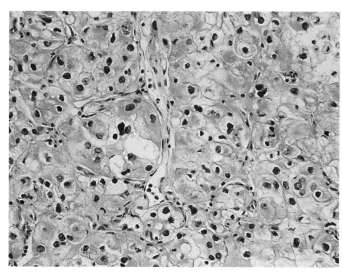

图11-3　肾上腺皮质癌

　瘤细胞体积大，呈多边形，多数细胞浆淡染，甚至呈空泡状，细胞异型性较大，核也呈泡状，分裂象明显。HE×400

（甘肃农业大学兽医病理室）

3．嗜铬细胞瘤（phaeochromocytoma）

这是起源于肾上腺髓质嗜铬细胞的肿瘤，最常见于老龄犬与牛、马，其他动物罕见，一般发生于单侧肾上腺，偶见两侧。常无临诊症状，除非生长很大。瘤体切面常呈深红棕色（图11-4、图11-5）。

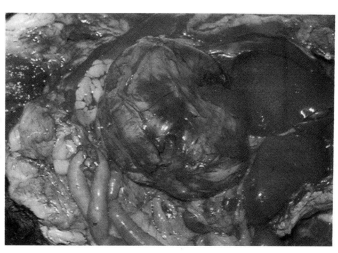

图11-4　嗜铬细胞瘤

　犬嗜铬细胞瘤：肾上腺见一很大的肿瘤，界限明显。这与肾上腺癌在眼观上难以区别，但切面较晦暗，有广泛的出血区。　　（Bostock DE 等）

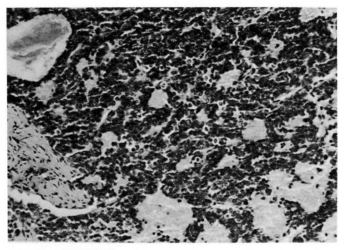

图11-5 嗜铬细胞瘤

　　瘤细胞分化良好，与正常肾上腺髓质结构相似。细胞密集在一起组成实性小叶或索，以血管隙分隔，胞核大而深染，胞浆很少。HE　　　　　　　　　　　　　　　　　（Bostock DE等）

4．甲状腺腺瘤（thyroid adenoma）

　　甲状腺腺瘤是由甲状腺腺泡（滤泡）上皮细胞发生的良性肿瘤，见于犬、猫和牛、马等动物。肿瘤一般较小，呈结节状，色白或带黄，包膜明显，界限清楚，质地实在。组织上可分为滤泡性腺瘤和乳头状腺瘤（图11-6、图11-7）。

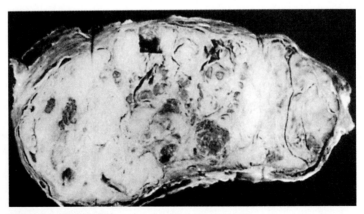

图11-6 甲状腺腺瘤

　　牛甲状腺腺瘤：肿瘤界限明显，有包膜，切面见出血和坏死区。

　　　　　　　　　　　　　　　　　　　　　　　　　　（薛登民）

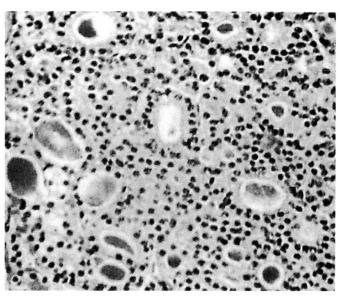

图11-7 甲状腺腺瘤

瘤组织主要由大小不等的腺泡组成，腺泡上皮多呈立方状，形态比较一致，常无核分裂象，许多腺泡腔含分泌物，但也可见实性体结构。HE×200　　　　　　　　　　　　　　（薛登民）

5.甲状腺癌（thyroid carcinoma）

这是由甲状腺腺泡（滤泡）上皮细胞发生的恶性肿瘤，犬、猫和其他动物都可发生，大多在早期可经血液转移到肺，而淋巴结转移则罕见。肿瘤外观与甲状腺腺瘤相似，但包膜都不完整，肿瘤常浸润周围组织，伴有出血、坏死、钙化与囊性变。根据癌组织的生长特性和分化程度可分为滤泡性癌（恶性腺瘤）、实性癌和实性—滤泡性、乳头状腺癌、鳞状上皮癌和间变（未分化）癌等类型。其中实性癌和实性—滤泡性癌多见于犬，而乳头状癌多见于猫和人，犬则罕见（图11-8至图11-11）。

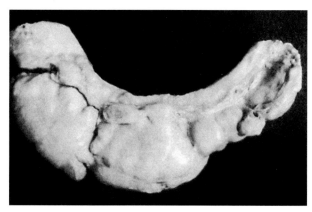

图11-8 甲状腺癌

牛甲状腺肿大，表面见大小不等的黄褐色结节，界限不大清楚，质地硬实。

（薛登民）

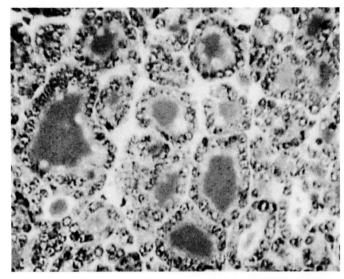

图11-9　甲状腺癌

滤泡性甲状腺癌：癌组织主要由大小不等的腺泡构成，它们和正常甲状腺的腺泡有一定相似，但腺泡上皮细胞分裂活跃，核呈泡状，分裂象明显；腺泡腔有多少不等的胶质。HE×200　　　　　　　　（薛登民）

图11-10　甲状腺癌

犬乳头状甲状腺癌：癌组织是由深染的上皮细胞排列成分支的乳头状结构所组成的。（Bostock DE等）

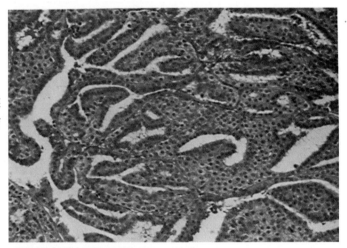

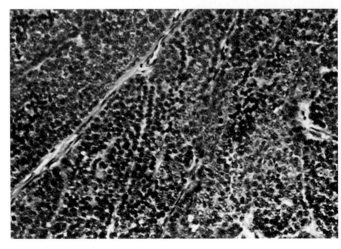

图11-11　甲状腺癌

犬实性甲状腺癌：癌组织为原始的腺泡和实性细胞灶，癌细胞密集、深染。（Bostock DE等）

6.胰岛细胞瘤（islet cell tumour）

胰岛细胞瘤为胰岛的良性肿瘤，通常呈小结节状，组织上可分为巨胰岛细胞型、缎带或小梁型和玫瑰花结型（图11-12）。

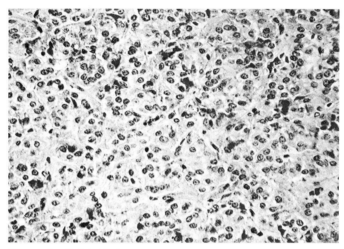

图11-12　胰岛细胞瘤

犬胰岛细胞瘤：瘤组织由肿瘤性上皮细胞小叶构成，这些小叶为少量细胞组成的实性体，瘤细胞也可排列成腔大壁薄的不规则腺泡。胞核形圆深染，胞浆含有多少不一的颗粒。在小叶边缘，有时可见细胞"栅栏"。用Gomori氏法乙醛复红染色，β细胞的胞浆呈紫红色。
　　　　　　　　　　　　　　　　　　　　　（Bostock DE 等）

7.垂体腺瘤（pituitary adenoma）

马、牛、绵羊、犬和猫都有垂体腺瘤的报告。多数病例的瘤细胞是嫌色性的，而嗜酸性和嗜碱性肿瘤则罕见（图11-13）。

图11-13　垂体腺瘤

犬嫌色性垂体腺瘤：瘤组织由大的上皮细胞构成，它们密集在一起，组成实性细胞片，以薄层结缔组织相隔；它们也可排列成腺泡结构，或在血管周围形成玫瑰花样。瘤细胞形圆至多角；核圆、淡染，内含大量细粒状染色质；胞浆颗粒多，细胞界限不清。用特殊染色技术（即Barrett's法），能将各型肿瘤区分开来。本图为嫌色性肿瘤的景象，瘤细胞呈淡灰蓝色。如为嗜酸性瘤细胞则呈鲜红色，嗜碱性细胞染成蓝色。（Bostock DE 等）

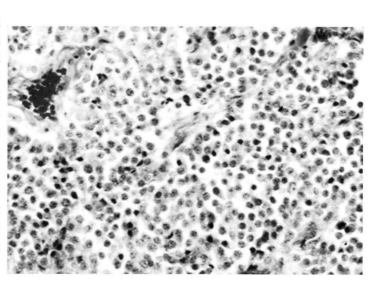

8. 主动脉体瘤（aortic body tumour）

主动脉体瘤也称心基瘤（heart base tumour），见于老犬，特别是Boxer种犬，常位于主动脉和肺动脉间的心基部，动物常出现心力不足的症状（如肺水肿、肺淤血）。X光可见，在上前纵隔部，有与心脏相连的团块影像（图11-14、图11-15）。

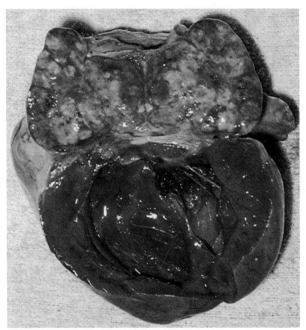

图11-14　主动脉体瘤
　　肿瘤为分叶的团块，呈淡红褐色或淡黄色，质硬或似橡皮。此图为7岁龄Boxer种犬的主动脉体瘤。
（Bostock DE 等）

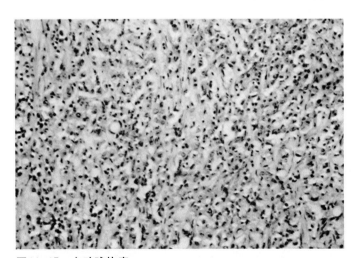

图11-15　主动脉体瘤
　　肿瘤是由大量小堆瘤细胞及其外围的纤维基质组成的，瘤细胞形圆或多边，分布在小裂隙之外。HE　　　　（Bostock DE 等）

第十二章　骨与关节

（Chapter 12：The Bones and Joints）

1. 骨瘤（osteoma）

骨瘤为骨的良性肿瘤，肿瘤细胞来源于骨外膜或骨内膜的成骨细胞，家畜较少发生。骨瘤见于马、牛与犬，主要发生于颅骨和下颌骨，也见于四肢骨，呈圆形或扁圆形，突出于骨表面。骨瘤切面由密质骨或松质骨构成。带鱼的骨瘤很常见，呈圆形或类圆形，单发或多发。组织上，骨瘤外多有骨膜和不规则的骨板，内部有粗细不等、长短不一、互联成网的骨小梁，其间为结缔结织（图12-1）。

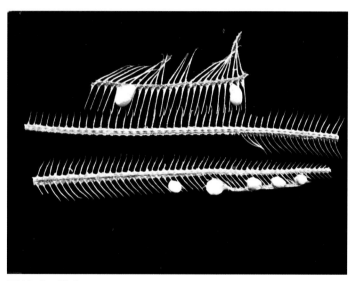

图12-1　骨瘤

　　带鱼骨瘤：此图显示骨瘤的常发部位（肌肉已除去），骨瘤呈圆形或椭圆形结节状，常位于脊柱的背侧或腹侧。上为带鱼骨骼的前半段，下为骨骼的后半段。　　　　　　　　　　　　（陈怀涛）

2. 骨肉瘤（osteosarcoma）

骨肉瘤是起源于成骨细胞的恶性肿瘤，多发于中、老年犬和猫，大型或巨型品种的犬最易受害，好发于长骨的干骺端，而小型犬（如Boxer种犬）主要发生于桡骨下端和肱骨上端。马、牛、绵羊等动物也可发生骨肉瘤，多位于头部。组织上可见瘤细胞（有异型性的成骨细胞）和由其形成的肿瘤性类骨组织或骨组织，也可形成瘤性软骨、纤维或黏液样组织。瘤组织是从中心向周围膨胀生长并侵犯骨的周围肌肉等组织的（图12-2至图12-4）。

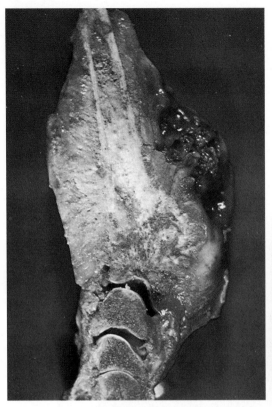

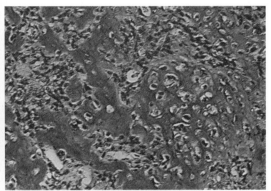

图12-2　骨肉瘤

　　犬桡骨下端骨肉瘤的切面：可见正常骨的形态发生严重变化，骨皮质变薄甚至完全破坏。病部较易切开，骨髓充以软脆、淡白或粉红色均质的组织，其中含有多少不等的网状骨质。瘤组织可通过皮质并在周围软组织形成大块肿瘤。注意，此图可见形成与骨干成直角的新骨刺，似典型"层状钻石"景象。

（Bostock DE 等）

图12-3　骨肉瘤

　　分化较好的骨肉瘤。可见瘤性成骨细胞及其产生的丰富的类骨基质。苦味酸（picro）多色染色。

（Bostock DE 等）

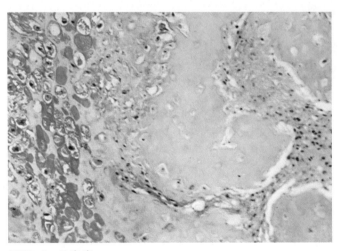

图12-4　骨肉瘤

　　分化不好的骨肉瘤。可见大量深染的多角形细胞和大片软骨区即大量成纤维细胞或成软骨细胞，偶见少量真正的类骨质。阿尔兴蓝（alcian blue）染色。

（Bostock DE 等）

3. 软骨瘤（chondroma）

软骨瘤是软骨组织的良性肿瘤，主要成分为成熟的透明软骨，肿瘤细胞主要起源于骨髓腔内的软骨组织，也可起源于骨外膜或骨外膜下的结缔组织。肿瘤见于成年绵羊、犬、马、猫，质地硬实，似透明软骨，可发生黏液样变性或钙化（图12-5）。

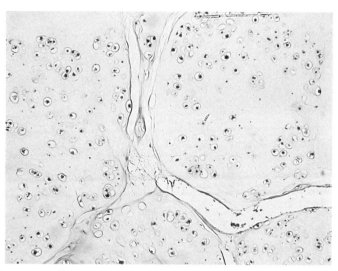

图12-5　软骨瘤

瘤组织主要由软骨瘤细胞和软骨基质构成，瘤组织被结缔组织分隔成大小不等的小叶，小叶边缘的瘤细胞一般小而多，基质较少，常发生钙盐沉积；而小叶中心的瘤细胞大，比较成熟，和成熟的软骨细胞更相似。HE×100　　　　　　　　（陈怀涛）

4. 软骨肉瘤（chondrosarcoma）

软骨肉瘤是软骨组织的恶性肿瘤，起源于骨髓腔内或骨外膜，多见于犬和绵羊，偶见于猫和马。肿瘤常见于扁平骨，外观、质地与软骨瘤相似，但易发生黏液样变性、出血与坏死（图12-6至图12-8）。

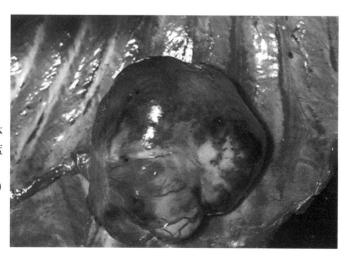

图12-6　软骨肉瘤

Boxer种犬肋骨的软骨肉瘤。瘤体呈团块状，质硬，不痛，切面见淡蓝白色软骨，常含有囊腔区。

（Bostock DE 等）

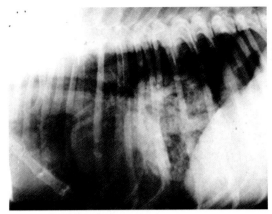

图12-7　软骨肉瘤

以X光透视检查图12-6病例，可见不均匀的斑驳状钙化区影。　　　　　　　　　（Bostock DE 等）

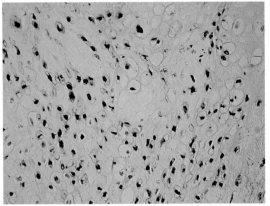

图12-8　软骨肉瘤

瘤组织与软骨组织有一定相似，但瘤细胞丰富，异型性大，有些瘤细胞较肥胖，内含巨核或双核，分裂象明显。HE×400　　　　　（陈怀涛）

5. 骨巨细胞瘤 (giant cell tumor of bone)

骨巨细胞瘤又称破骨细胞瘤 (osteoclastoma)，来源于骨髓中未分化的间叶组织。此种瘤多发生于犬、猫的长骨末端及椎骨、肋骨等部位，有良性巨细胞瘤和巨细胞肉瘤两型，后者呈恶性。肿瘤常发生于管状骨骨干一端，质地似肉，单发或多发，与骨组织界限不清，常有出血、坏死及形成含液体的囊肿（图12-9）。

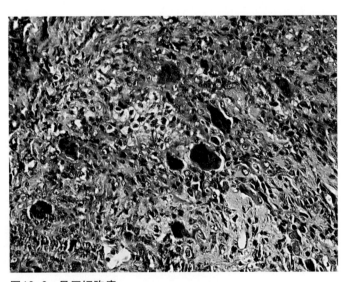

图12-9　骨巨细胞瘤

巨细胞肉瘤：瘤组织由多呈梭形或卵圆形单核瘤细胞和破骨细胞型多核瘤巨细胞组成，前者多而密集，异型性明显，核分裂象多见，后者较少，散在于瘤组织之间，细胞核也有异型性，瘤组织血管较为丰富。HE×400　　　（甘肃农业大学兽医病理室）

6. 骨髓瘤 (myeloma)

骨髓瘤又称浆细胞骨髓瘤 (plasma cell myeloma)，是由骨髓中的浆细胞发生的恶性肿瘤。肿瘤始于骨髓，向外发展，还可进一步转移到内脏器官。患瘤动物血、尿中，异常球蛋白含量增高。肿瘤多发生于犬的椎骨、骨盆、肋骨和长骨，而其他动物很少见（图12-10）。

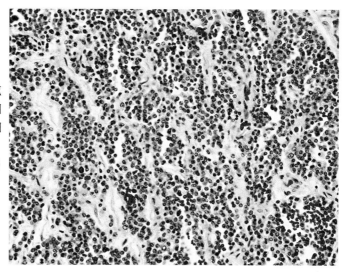

图12-10　骨髓瘤

瘤组织由密集但各自独立的圆形或椭圆形细胞构成，和浆细胞有一定相似，但分化程度不同，间质少，瘤细胞间网状纤维也少。HE×400

（甘肃农业大学兽医病理室）

7. 滑膜肉瘤 (synoviosarcoma)

滑膜肉瘤也称恶性滑膜瘤，由滑膜组织发生。滑膜肉瘤偶见于犬、猫、牛等动物。瘤体多呈结节状，切面色灰白或灰红，常有出血和坏死。瘤组织由上皮样细胞和梭形细胞组成，故瘤细胞呈"双相分化"，但每种瘤中的两种细胞比例不尽相同。此外，也可见多核巨细胞。在分化较好的肿瘤，尚见假腺区和特殊的间隙（图12-11）。

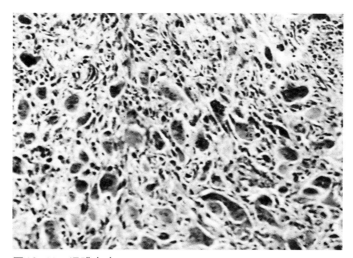

图12-11　滑膜肉瘤

猫跗关节的滑膜肉瘤切片。可见梭形细胞、上皮样细胞和不少多核巨细胞。

（Bostock DE等）

第十三章 眼

（Chapter 13：The Eye）

1. 瞬膜癌（third eyelid carcinoma）

瞬膜癌是眼的一种鳞状细胞癌，多见于牛，如美国的海福特牛（Hereford）。在我国西北地区一些黑白花奶牛中，瞬膜癌也较常见。眼鳞癌发生于眼和眼周围许多部位，如眼睑、结膜、角膜和瞬膜（第三眼睑）。瞬膜癌患牛，有流泪、结膜黏液分泌增多和羞明等症状（图13-1至图13-3）。

图13-1 瞬膜癌

牛瞬膜癌：这是牛眼部较为常见的一种鳞癌。初期，瞬膜上生长有淡黄色细粒状肿瘤病变，严重时形成明显的结节状肿块，并突出于眼内角。

（陈怀涛）

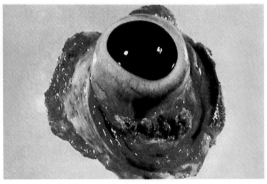

图13-2 瞬膜癌

已摘出的牛眼。在瞬膜上有一些发生溃疡的花椰菜状增生物。

（Mouwen JMVM 等）

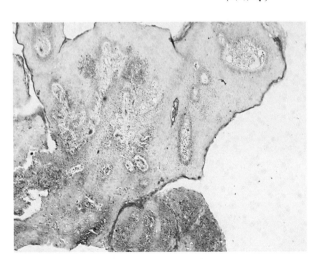

图13-3 瞬膜癌

牛瞬膜癌：癌组织向瞬膜表面呈不规则外突性生长，突起中见散在分布的结缔组织轴心。HE×100 （陈怀涛）

2．睫状体腺癌（adenocarcinoma of the ciliary body）

起源于睫状体上皮细胞的腺癌初期很小，都呈结节状，形圆，质硬，有包膜，直径不超过1cm，虽然临诊有青光眼与失明等症状，但眼观难以发现。以后肿瘤不断生长、突出角膜而显现，并可发生虹膜前粘连。肿瘤切面色灰白、均质，但局部可有色素沉着。组织上肿瘤由松散的结缔组织基层和其中的致密立方状上皮细胞构成，这些细胞排列成无序的腺样条索或乳头状结构（图13-4至图13-6）。

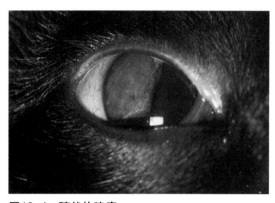

图13-4　睫状体腺癌

犬的睫状体腺癌，瘤体已通过角膜向外突出。

(Bostock DE 等)

图13-5　睫状体腺癌

患犬眼球和肿瘤的切面，肿瘤形椭圆，色灰白，均质。

(Bostock DE 等)

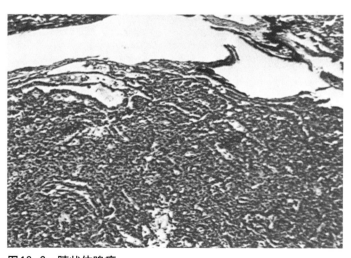

图13-6　睫状体腺癌

癌细胞较腺瘤的小而深染，形成无序的分支状乳头。

(Bostock DE 等)

3．视网膜母细胞瘤（retinoblastoma）

视网膜母细胞瘤即成视网膜细胞瘤，是由未成熟的视网膜母细胞发生的一种恶性肿瘤。瘤细胞较小，大小较一致，胞核较大，深染，分裂象多见（图13-7）。

图13-7　视网膜母细胞瘤
　　马右眼视网膜母细胞恶性增生，形成肿瘤并向眼球浸润生长，故眼球突出，角膜破坏。　　　　　　　　　（刘安典）

参 考 文 献

陈怀涛，许乐仁.2005.兽医病理学 [M].北京：中国农业出版社.

陈怀涛.1997.甘肃省动物肿瘤生态学研究 [J].甘肃畜牧兽医，27（2）：1-5.

陈怀涛.2008.兽医病理学原色图谱 [M].北京：中国农业出版社.

陈玉汉，陈灼怀，肖振德.1985.家畜家禽肿瘤学 [M].广州：广东科学技术出版社.

刘宝岩，邱震东.1990.动物病理组织学彩色图谱 [M].长春：吉林科学技术出版社.

内蒙古医学院病理解剖学教研组.1975.彩色病理组织学图谱 [M].呼和浩特：内蒙古人民出版社.

世界卫生组织家畜肿瘤国际组织学分类专家小组.1976.家畜肿瘤国际组织学分类 [上辑] [M].朱宣人，陈怀涛译，重庆：科学技术文献出版社重庆分社.

世界卫生组织家畜肿瘤国际组织学分类专家小组.1978.家畜肿瘤国际组织学分类 [下辑] [M].朱宣人，陈万芳，朱坤熹，等译.重庆：科学技术文献出版社重庆分社.

吴桓兴.1983.中国医学百科全书·肿瘤学 [M].上海：上海科学技术出版社.

武汉部队总医院，湖北医学院病理教研组.1983.软组织肿瘤组织学彩色图谱 [M].武汉：湖北科学技术出版社.

张旭静.2003.动物病理学检验彩色图谱 [M].北京：中国农业出版社.

赵振华.2006.禽白血病 [M].北京：中国农业出版社.

朱坤熹.1997.家畜肿瘤学 [M].北京：中国农业出版社.

Blowey R W, Weaver A D. 2004. A colour atlas of diseases and disorders of cattel [M].齐长明等译.北京：中国农业大学出版社.

Bostock D E,Owen L N.1975. A colour atlas of neoplasia in the cat, dog and horse [M]. London:Wolfe. Medical publications Ltd.

Mouwen JMVM,de Groot ECBM. 1982. A colour atlas of veterinary pathology [M]. Utrecht:Wolfe Medical Publications Ltd.

Randall C J.1985.Color atlas of diseases of the domestic fowl and turkey [M]. Iowa State Vniversity Press.

图书在版编目（CIP）数据

动物肿瘤彩色图谱 / 陈怀涛主编. —北京：中国
农业出版社，2012.11
ISBN 978-7-109-17164-0

Ⅰ. ①动…　Ⅱ. ①陈…　Ⅲ. ①兽医学—肿瘤学—图谱
Ⅳ. ①S857.4-64

中国版本图书馆CIP数据核字（2012）第214634号

中国农业出版社出版
（北京市朝阳区农展馆北路2号）
（邮政编码 100125）
责任编辑　黄向阳　耿韶磊

中国农业出版社印刷厂印刷　　新华书店北京发行所发行
2013年1月第1版　　2013年1月北京第1次印刷

开本：787mm×1092mm　1/16　　印张：9.25
字数：205千字
定价：98.00元
（凡本版图书出现印刷、装订错误，请向出版社发行部调换）